아빠표 인성교육

아이의 태도는 아빠가 만든다

아빠표
인성교육

김범준 지음

애플북스

추천사

인성교육은 학교와 가정이 함께 그려나가는 우리 아이의 바탕교육이다. 그 바탕 위에 다른 스펙들을 쌓아올릴 수 있도록 단단하게 만들어주고 싶은 부모님들에게 방법을 알려주는 책이다. 아이에게 다가가고 싶어도 방법을 모르는 아빠들에게 짧지만 행복한 시간을 자녀와 함께하면서 우리 아이를 바르고 행복하게 키울 수 있는 길을 안내해줄 것이다.

_ 새일초등학교(대전시 대덕구 덕암동) 이윤경 교감

"아이의 인성을 바꾸기 어렵다"는 생각은 인성에 대한 잘못된 정의로부터 출발한다. 저자는 '인성이란 천성과는 완전히 다른 것'이라는 파격적인, 그러나 아주 정확한 정의를 내리고 있다. 거창한 교육보다 일상 속의 작은 변화를 실천 지침으로 제시하는 이 책은 '인성 교육의 정석'으로서 손색이 없다.

_ 원촌초등학교(서울시 서초구 반포동) 변혜준 교사

저자는 아이의 인성을 길러주기 위해 할 수 있는 다양한 방법을 자신의 세 자녀와의 대화 내용과 함께 재미있게 소개하고 있다. 아이의 인성교육을 고민하고 있는 부모라면, 또는 교사라면 읽어볼 만한 좋은 지침서가 될 것이다.

_ 화정고등학교(경기도 고양시 덕양구 화정동) 김지유 교사

무엇보다 올바른 인성이 중요하다는 것을 알지만, 교육방법을 찾지 못하는 학부모들에게 저자는 따뜻한 아버지의 시선으로 간결하고 쉽게 따라 해볼 수 있는 것들을 알려준다. 이렇게 쉬운 것을, 왜 나는 늘 조바심을 가지고 아이들에게 잔소리꾼 역할을 했던 걸까. 나처럼 해방감과 위로를 얻고자 하는 사람들에게, 자녀에게 비친 부모로서의 모습이 고민되는 사람들에게 하나의 지침서가 되리라 생각한다.

_ 보평초등학교(경기도 성남시 분당구 삼평동) 장혜미 교사

어릴 때부터 과도한 선행으로 무장하고 오로지 성적이 전부인 세상에서 스펙 쌓기에 목숨 걸고 무한 경쟁의 학창시절을 보내는 불쌍한 아이들! 이런 경쟁사회에서 인성은 당연히 뒤로 밀릴 수밖에 없고 그 부작용으로 학교폭력, 왕따 등의 많은 사회문제가 야기된 것은 당연한 결과일 수밖에 없다. 인성이라는 것이 하루아침에 길러질 수 있는 것은 아니지만, 내 아이를 다른 사람과 더불어 살며 스스로 행동할 수 있는 인격체로 성장시키고 싶다면 가정에서부터 아빠표, 엄마표 인성교육으로 시작돼야 하는 것은 분명한 사실이다. 저자는 이런 부모님들에게 쉽게 접근할 수 있는 방법을 제시해 주었으며, 무엇보다도 아이를 키우고 가르치면서 고민이 많은 나에게도 스스로를 되돌아보게 한 책이다.

_ 여의도중학교(서울시 영등포구 여의도동) 유경연 교사

우리 아이 인성을 위한
하루 10분, 따뜻한 교감

내겐 세 아이가 있다. 초등학교 4학년, 3학년, 1학년. 내 눈에는 여전히 귀엽고 예쁜 아이들이다. 지금은 훌쩍 커버린 첫째아이의 돌에 그때까지의 아이 사진을 모아 '포토북'을 만들었었다. 일종의 '화보집'이다. 지금 보면 아기 때는 진짜 못생겼었는데(첫째야, 미안해!) 당시에는 왜 그렇게 잘생기고, 믿음직하게 여겨지던지. 하여간 그 포토북의 마지막 페이지에 《장자》에 나오는 한 구절을 써넣었다.

厲之人夜半生其子(려지인야반생기자)
遽取火而視之(거취화이시지)
汲汲然唯恐其似己也(급급연유공기사기야)
문둥이가 밤중에 아기를 낳았다.
황급히 등불을 들고 아기를 살펴보았다.
급하게 서둘렀던 까닭은 아기가 혹시 자기를 닮았을까 두려워서였다.

나는 부족한 아빠다. 아무리 생각해도 나, 김범준이라는 사람은 별 볼일 없는 사람이다. 세상 사람들이 나를 너무 좋게 봐줘서 오히려 그것이 겁난다. 내가 생각하는 나는 천박하고, 가볍고, 불친절하고, 냉정하다. 나 자신을 돌볼 줄 모르는 것은 물론 타인에 대한 공감에도 소홀하다. 공동체에 대한 책임의식은 수준 이하고 배려 가득한 시민의식은 부족하기만 하다. 그래서 아이가 나와 다른 사람이 되기를 원하는 마음으로 위의 문장을 포토북에 포함시켰다.

우리 아이들의 삶, 누구의 책임인가

- 청소년 폭력 세계 1위
- 청소년 자살률 세계 1위
- 청소년 흡연율 세계 1위

내가 그토록 사랑하는 아이들이 살아가는 대한민국의 이야기다. 하도 많이 들어서 이제 별 감흥도 없다. '청소년 폭력 상담전화'를 아는가? 117을 누르면 연결된다. 자살방지를 위한 상담전화에는 중학생, 고등학생의 전화가 쇄도한단다.

언젠가 아내가 학부모 모임에 나갔다가 돌아와서 다른 엄마가 했다는 말을 전했는데, 그 말을 듣고 기막혔던 적이 있다. "요즘 애들, 초등학교 5학년만 되면 키스를 하고, 6학년만 되면 첫 경험을 해. 맞벌이하는 엄마, 아빠가 사는 집, 오후에 아무도 없잖아? 그런

집만 골라서 다닌대." 무슨 말들을 더 했냐고 물어봤더니 "학교 선생님들이 교육을 제대로 시켜야 해", "방과 후 학교를 강화시켜서 애들을 꼼짝 못하게 잡아놔야 해" 등의 말을 쏟아냈단다. 더 기가 막혔다. 과연 우리 아이들이 잘못되어가고 있는 것이 오로지 학교의 책임일까? 선생님들이 해야 할 일을 잘 못해서 그런 걸까?

학교는 아이들 부모의 동역자요, 협력기관일 뿐이다. 아이의 성장과 발전은 오롯이 부모의 책임이다. 그 책임에서 자유로울 수 있는 부모는 아무도 없다. 만약 학교에서 아이가 다쳤다. 누구를 원망할까? 책임은 부모에게 있다. 아이 성적이 나쁘다. 누구 탓을 할까? 부모 책임이다. 그런 학교에 가게 한 부모의 잘못이요, 그런 성적을 내도록 만든 것도 모두 부모의 잘못이다. 아이들이 정서적으로 좋지 못한 환경에 놓여 삐뚤어진 것 역시 부모 책임이다. 굳이 '맹모삼천지교'까지 말하고 싶지는 않다. 최선의 환경을 아이에게 만들어주지 못한 것은 부모의 게으름 탓이다.

인성 역시 마찬가지다. 누군가 우리 아이를 보고 '인성이 잘못된 아이'라고 했다고 해보자. 누구를 탓하랴. 책임은 온전히 부모에게 있다. 성적이야 하다하다 안 되면 어쩔 수가 없다. 하지만 우리 아이 인성을 탓하면 마치 부모 자신의 인성이 잘못됐다는 말을 듣는 것 같은 모욕감이 느껴진다. 부모들은 '걔는 인성이 됐어!'라는 말을 듣고 싶다. 아니 들어야 한다. 물론 '공부 잘하는 게 효도의 전부'라고 말하는 부모들도 있다. 과연 그럴까? 아닐 것이다. 자신의 앞길을 개척해나가면서도(실력) 다른 사람과 더불어 살 수 있는 능력(인성)을 갖춘 아이로 키우고 싶은 게 우리 부모들이다.

스펙의 시대가 저물어가고 있다는 말들을 한다. 정확히 말하자. 스펙의 시대는 저물지 않는다. 다만 스펙에 인성이라는 전혀 다른 성질의 '새로운 스펙'이 더 필요한 시대가 되어가고 있다.

인성은 학교에서 받아야 하는 '점수'가 아니라 가정에서 키워줘야 하는 '능력'이다

인성교육을 학교에서 실시한다고 한다. 인성교육까지 학교에서 해준다며 안심하는 부모가 있다면 '바보'다. 인성교육을 학교에서 실시한다는 사실 자체가 지금 이 시대를 살아가는 우리 부모들에게는 치욕이다. 아이들의 인성은 집에서 형성되어야 한다. 집에서 잘 형성되지 못한 인성이, 학교에서 인성교육을 받고 그 내용을 근거로 시험을 보고 평가를 받는다고 해서 크게 잘될 것이라고 믿는다면 순진해도 그렇게 순진한 일이 또 있을까? '인성 과목 기말고사'가 생겼다고 해보자. 아이가 100점을 맞았다. "우리 아이가 인성은 100점 만점에 100점이야!"라고 말할 수 있을까?

솔직히 나 역시 학교가 아이들의 인성을 잘 키워줬으면 좋겠다. 집에서 말도 안 듣던 아이가, 자기 부모와 형제자매의 감정 따위는 아랑곳하지 않던 독불장군 아이가 학교에 가서 인성교육을 받고 '뿅' 하고 변했으면 좋겠다. 하지만 이것은 어리석은 생각이다. 길거리를 다니는 분노에 찬 고등학생들의 눈빛이 학교에서의 주 1회 인성교육으로 순하게 변한다면 그게 더 이상한 일이다.

언젠가 상담이론을 공부하는 선생님들과 저녁식사를 한 적이 있다. 초등학교 5학년짜리 딸을 둔 모 회사의 팀장님이 나의 술자리 파트너가 되었다. '인성교육이란 게 대체 뭐냐'는 주제로 이야기를 나눴다. 우리의 결론은 이랬다.

'인성은 능력이다.'

인성은 점수가 아니다. 인성은 능력이다. 변화시킬 수 있는 능력이다. 발전하고 성장할 수 있는 능력이다. '우리 아이 인성 레벨'을 높여주는 데 있어 가장 중요한 역할을 해야 하는 게 바로 부모다.

한국도덕교육학회가 펴낸 〈인성교육은 가능하고 필요한가〉에 따르면, 인성은 도달 가능한 적극적 표준이 아니라, 도달하려고 하면 할수록 더욱 부족을 일깨우는 소극적 표준이다. 그렇다. 부족함을 느끼는 것이 바로 인성교육의 핵심이다.

두 가지만 노력하자. 우선 아이들이 자신의 부족함을 알고 좋은 인성을 형성하도록 도와주자. 지적으로 뛰어날 뿐만 아니라 선(善)한 아이들이 될 수 있도록 노력하자. 그러려면 애정을 갖고 아이를 살펴봐야 한다. 자기 자녀가 어떻게 생활하는지 알려면 옆집 엄마에게 물어봐야 한다는 이야기가 나오지 않도록 해야 한다. 300만 원을 벌면 200만 원을 아이를 위해 썼다, 아이의 시험성적을 열심히 체크했다, 이러면서 부모가 할 일을 모두 했다고 생각한다면 착각도 그런 착각이 없는 거다.

그리고 부모들 스스로 자신의 부족한 인성을 점검해보자. 인성교육의 기본은 어른이 인성을 실천하는 데 있다. 우리의 부족한 인성을 개선하려는 노력을 게을리해서는 곤란하다. 아이를 알기 위한 노력 만큼이나 나 자신을 알기 위해 애써야 한다. 아이가 보내는 신호를 빠르게 알아차리고 아이의 시각에서 이해하며 즉각적이면서도 적절하게 반응해주는, 그래서 아이가 의지할 수 있는 양육자가 되어보자. 그 과정에서 우리 부모들의 인성 역시 바람직한 방향으로 변화할 수 있을 것이다.

아이 인성교육의 주체는 부모다

이 책 전반에 걸쳐 나는 아이들에게 "이런 것을 하라!"고 말하고 싶었다. "부모인 나는 그렇게 못했으니까 아들과 딸인 너희들은 내가 못한 그것들을 해야 하는 것 아니냐!"고 말이다. 어떤가? 말도 안 된다. 부모인 내가 솔선하지 않고서 아이에게 "너는 인성을 제대로 쌓아야 한다!"고 말한다면 그건 아이에게 행사하는 일방적인 언어폭력일 뿐이다.

부모의 역할은 자신의 생각을 아이에게 일방적으로 강요하는 데 있지 않다. 그보다는 아이들이 스스로 중요하다고 생각하는 것을 판단할 수 있도록 격려하고 믿어줘야 한다. 아이가 올바른 길, 자신만의 길을 찾아가며 부딪치고 넘어졌다가 다시 일어날 수 있도록 기다려주는 어른이 필요하다. 아이들의 현재 상황과 감정 상태를 무조건적인 긍정으로 수용하면서 '지금 여기' 아이들의 현실(가족 등 삶의 조건이나 친구 관계, 결핍 요인 등)을 먼저 고려해야 한다.

따라서 아이의 인성을 '이상하게 나쁜 것만 먼저 배우게 되는'

몇 십 명의 또래집단을 관리해야 하는 선생님들 몫으로 내버려둬
서는 곤란하다. 아빠, 엄마가 먼저 가정에서 성숙한 인간으로서의
모습을 보여줘야 아이들의 인성이 긍정적으로 변한다. 아이의 풍요
로운 토양에 씨를 뿌리고 물을 주고 멋진 나무로 성장할 수 있도록
촉진자 역할을 할 사람은 학교 선생님들 이전에 바로 우리 부모들
이다. 부모가 인성교육의 1순위 주체가 되어야 한다.

하루 10분, 따뜻한 교감으로 완성하는 인성교육

부모들, 바쁘다. 솔직히 게으른 것도 있긴 하겠지만, 어쨌거나
팍팍한 삶 속에서 늘 피곤하고 만사가 귀찮다. 이런 상황에 아이 인
성교육까지 부모의 몫이라니 짜증이 날 법도 하다. 그렇다고 우리
아이의 인성을 포기하고 싶은 부모는 아무도 없을 것이다. 지금 우
리 부모들이 아이들 인성교육을 함께 하면 우리 아이의 미래에 큰
이득으로 돌아올 것을 믿자. 이 책은 바쁘고 귀찮은, 심지어는 게으
르기까지 한 우리 부모들이 최소한의 노력으로 최대의 효과를 거
둘 수 있도록 돕고자 한다.

출퇴근하면서 전날 프로야구 하이라이트 다시보기나 연예인
들의 시시한 신변잡기에 정신 팔려 스마트폰을 보며 시간을 보내
지 말고, 당당하게 이 책을 들고 지하철을 타고 버스를 타자. 책 읽
는 당신은 멋지다. 게다가 다른 사람도 아닌 바로 우리 아이 인성
을 위해 할애하는 시간이다. 스스로 자랑스러워할 만한 일이다. 인

성 덕목 하나당 10분이면 충분히 읽을 수 있으니, 책이라면 거부감부터 생기는 사람이라도 쉽게 읽을 수 있다. 순서도 중요하지 않다. 원하는 인성 덕목을 하나씩 마음 가는 대로 찾아 읽으면 된다.

다만 읽은 내용 중에서 하나만이라도 집에 가서 아이들에게 적용하기 바란다. 읽은 책 내용 중, 혹은 읽으면서 떠오른 생각을 아이와 함께 이야기해보자. 10분이면 충분하다. 대신 딱 10일만 해보자. 이 정도는 우리 아이를 위해 충분히 해줄 수 있는 일이다. 부모로서 최소한의 노력이다. '영단기', '공단기' 하는 입시전문학원이 유행이라던데, 도대체 무슨 소리인가 했더니 '영어 단기완성', '공무원시험 단기완성'의 줄임말이란다. 그렇다면 나는 이 책을 '인단기'라고 부르고 싶다. '인성 단기완성'이다. 읽는 데 10분, 적용하는 데 10분, 그리고 딱 10일, 부모로서 우리 아이들의 인성을 위해 이 정도는 해줄 수 있지 않은가.

엄마, 아빠가 해야 할 인성교육이란 지금 바로 우리 옆에 있는 아이들을 한 번 더 관찰하고, 한 번 더 생각하고, 한 번 더 쓰다듬어주는 사랑의 교육이다. 이제 우리 아이의 인성을 위해 하루 10분, 딱 10일간의 소중한 시간을 만들어보자.

김범준

| 차례 |

인성 알기

예비교육

인성에도 교육이 필요해

교육의 뿌리는 쓰다. 그러나 그 열매는 달다.
- 서양 속담

'인성교육진흥법'이라는 것이 있다. 인성이라고 하면 기껏해야 '밥상머리 교육'이나 생각하고 있는 아빠, 엄마에게는 낯선 단어다. 의문이 꼬리를 문다.

'인성을 배워야 해? 인성을 가르쳐?'

'인성 과목이란 게 생겨? 시험도 보나? 내신에 들어가겠지?'

'인성 과외 시켜야 하는 거 아니야? 괜찮은 인성 학원 없나?'

'일단 내 아이 인성 레벨 테스트부터 받아야지.'

'윗집 돼지 엄마는 무슨 교재로 인성 공부를 시키나?'

결국에는 늘 입시에 영향이 있느냐 없느냐로 평가를 내리는 우리 부모들. 귀찮은 뭔가가 또 하나 생긴 것 같은 느낌에 마음이 서늘하다. 인성교육진흥법, 이놈의 정체는 대체 무엇일까?

2015년 7월부터는 인성교육진흥법이 시행확정이 되며 전국의 초·중·고등학교에서 인성교육이 의무적으로 실시가 된다. 교사들 인성교육 연수를 의무화하여 시행하게 된다. '인성교육진흥법'이란, 법률 제13004호로 인간으로서 존엄과 가치를 보장하고 교육기본법에 따른 교육이념을 바탕으로 건전하고 올바른 인성을 갖춘 국민을 육성하여 국가사회의 발전에 이바지함을 목적으로 한다.

<아주경제> 2015년 4월 20일

오호, 괜찮다. 부모가 미처 신경 쓰지 못한 아이의 인성을 학교가 나서서 교육하겠다는 말처럼 들린다. 고맙기도 하고, 어색하기도 하고, 또 일단 미안하다. 국영수 가르치느라 바쁘신 학교 선생님들에게 부담을 드렸으니 말이다. 그런데 한편으로는 의구심도 든다. 과연 학교에서 인성을 가르치는 게 가능할까? 인성을 어떻게 평가할까? 어쩌다 우리 아이 인성까지 학교에서 가르쳐야 하는 상황이 된 걸까?

경쟁의 그늘 속에서 부모들은 아이의 '인성 따위'를 고민할 여유가 없었다. 인성은 무슨 인성인가. '수학 선행학습이 중요하고 유창한 영어 발음이 우선이야. 수학 잘하고, 영어 잘하면 인성은 그에 따라 저절로 좋아질 거야'라는 막연한 생각을 했었다. 입시가 최우선인 현실에서 과외다 뭐다 하는 사교육 시장으로 아이들을 내몰아서 좋은 대학, 좋은 직장, 좋은 남편이나 아내를 쟁취하면 되는 것이 우리 아이들을 위한 교육의 정석이었다. 우리 부모들의 결론은 "너는 공부만 잘하면 돼. 넌 아무것도 생각하지 말고 그냥 공부만 해. 성적만 올려!"로 끝난다. 한국 부모들은 대부분 교육이 가장 확실하고 배반당하지 않는 투자라는 신념을 갖고 있다. 배가 불러야 성공한 인생이고 행복할 것이라는 신념(사실은 착각) 가득한 부모에게 아이의 인성교육은 관심 밖의 일일 뿐이다. 결국 더불어 사는 법을 가르쳐줘야 할 부모가 오히려 아이들을 경쟁으로 내몬 주범이었던 셈이다.

하지만 우리 부모들은 이 모든 문제를 학교로 돌렸다. 사교육이 학교를 대신하는 현실에서 학교는 아이들의 잘못된 인성이 왜곡되어 폭발하는 장소가 되어버렸다. '문제가 발생한 학교에서 아이들의 인성을 바로잡는 게 맞다'고 부모들은 생각했다. 마음이 홀가분해졌다. '그래, 우리 부모들은 애들 공부나 열심히 시키면 돼. 애들 인성은 학교가 챙겨주겠지!'라고 스스로를 위로했다. 그렇지 않은가?

아이의 인성을 학교에 '맡기는(정확히는 떠넘겨버리는)' 부모들의 태도가 인성교육에 관한 법률로는 세계 최초라는 인성교육진흥법을 제정하는 계기가 된 것이다. 부끄러운 일이다. '대한민국이라는 나라는 얼마나 애들 인성이 엉망이면 학교가 나서서 인성을 가르치나' 하면서 다른 나라 사람들이 혀를 찰 것만 같다. 그래서 인성교육진흥법은 나쁜 법인가? 아니다. 나는 인성교육진흥법을 지지한다. 인성교육까지 필요한 것이냐며 한탄하기 전에 이렇게 좋은 교육과정이 생겼다고 기뻐하련다.

인성교육을 만든 주체(국회의원 등)에 대해 의심하면서 "누가 누구의 인성을 탓하고 있어!"라고 힐난하는 분들도 있지만, 나는 영화 〈킹스맨〉의 유명한 대사인 '매너가 사람을 만든다'처럼 '인성이 사람을 만든다'에 한 표를 던진다. 사실 우리 부모들이 그동안 모르고 지냈을, 어쩌면 방관하고 있었을 아이들의 인성에 관심을 갖게 만든 것만으로도 이 법은 그 의미가 크다. 나 개인적으로도 인성을 심층적으로 연구하면서 '인성에는 교육이 필요하다'는 것을 알았기에 더욱 그러하다.

요즘 아이들, 왜 무서워졌을까

어린이는 어른의 아버지다.
-서양 속담

요즘 애들, 무섭다. 어젯밤, 아파트 단지 안에 있는 편의점에 생수 한 병을 사러 갔다. 밤 10시가 넘은 시간, 중학생으로 보이는 여학생 두 명과 남학생 두 명이 컵라면 두 개를 나누어 먹고 있었다. 요란한 대화 소리가 즐거워 보였다. 까르르 웃는 모습이 예뻤다. 그들의 대화를 듣기 전까지는.

"엄마 전화 오네. 아이, 시발, 짜증나."
"개병신아, 또 왜 그래. 빨리 집에 가."
"뭐? 미친년이 왜 참견이야."
"야, 핫식스나 하나 사와. 지랄병 떨지 말고."

아이들의 말 한마디 한마디에 듣기 힘든 거친 욕설이 담겨 있었다. 무서워서 이거야, 원. "아저씨, 왜 쳐다봐?"라며 시비 걸까 두려워 파라솔 주변을 멀찍이 돌아 집으로 왔다. 무서워서 그런 건 아니다. 그냥 피했을 뿐이(라고 변명한)다.

이런 아이들을 보면 우리는 '쟤네들, 성격이 문제야!'라고 말한다. 아니다, 그것은 틀렸다. 아이들이 거칠게 말하고 행동하며 타인을 배려하지 않는 것은 성격의 문제가 아니다. 인성의 문제다. 성격과 인성은 다르다. 프로이트(Sigmund Freud)는 한 사람의 비합리적인 힘, 무의식적 동기, 생물학적 · 본능적 충동 등은 생후 6개월 동안에 전개되는데 이때 성격이 형성되며 이는 변하지 않는 속성이라고 했다. 성격은 기질일 뿐이다. 반면 아이들이 타인에 대한 배려 없이 거칠게 행동하는 것은 다른 사람에 대한 존중을 배우지 못한 탓이다.

참고로 성격과 인성을 구분해보자. 우선 성격은 바꾸기 힘들지만(바꾸는 게 불가능하지만!) 인성은 바꿀 수 있다. 즉, 인성은 변화 가능하다. 다음으로 성격은 교육의 대상이 아니지만 인성은 교육의 대상이다. 인성은 가르칠 수 있고, 또 배울 수 있다. 마지막으로 성격과 달리 인성은 결과가 아니라 과정적 특징을 지닌다. 배우고 또 배워서 말하고 행동하는 과정이 필요한 것이다. 만약 인성이 성격과 마찬가지로 기질적 특성을 지닌다면 우리의 인성교육은 불가능할 것이다. 기질은 변하지 않는다. 기질을 변화시킨다는 것은 내가 아닌 다른 사람으로 변함을 의미한다. 모양만 변하는 것이 아니다. 그 사람의 전체가 다 바뀌는 것이다. 그렇기 때문에 '감히 성격을 변화시키려는 노력'은 무모하다. 다행히 인성은 바꿀 수 있기에 인성교육이 유의미해진다.

인성을 왜 배워야 할까? 배울수록 풍부해지기 때문이다. 인성은 배움을 통해 좋게 형성될 수 있다. 인성이 부족하면 다른 사람과 더불어 살 수가 없다. 사회에 적응할 수 없다. 모르면 배워야 하고, 배워서 행해야 하는 것이 인성이다. 망가져가는 우리 아이들의 인성을 교육을 통해 올바른 방향으로 이끄는 것은 우리 어른들의 의무다. 주변 사람들을 의식하지 않고 거친 욕설을 퍼부어대는 아이들, 성격이 아니라 인성이 문제다(물론 욕설을 하는 아이에게만 초점을 맞추는 것도 문제다. 어쩌면 그들도 '욕설이 보편화된 또래문화'의 희생양일지도 모르니까. 욕을 안 하면 소위 '찌질이'가 되고 거친 말을 사용하지 않으면 만만하게 보는 그런 문화 말이다. 특히 중학교 때는 의식적으로 말을 거칠게 하는 경향이 있다고 한다).

어쨌든 우리가 집중해야 할 것은 아이들이 내향적인지 외향적인지, 감성적인지 이성적인지를 파악해서 어른들 멋대로 고치려는 시도가 아니다. 아이들이 자기 자신을 사랑하고 타인과 더불어 살며 좀 더 나은 세상을 만들어가는 능력을 발전시킬 수 있도록 인성교육에 어른들이 관심을 기울여야 한다. 아파트 앞 편의점에서 컵라면을 먹으면서 욕설을 내뱉는 아이가 혹시 나의 아이가 아닌지 걱정이 되어서라도 필요한 게 인성교육이다.

인성교육의 목표는 누군가의 명령에 순종하는 '착한 아이'가 아니다. 바로 좋은 사람, 옳은 사람이 인성교육이 목표로 삼는 인간형이다. 마음의 변화만이 아니라 우리 아이들이 시민적 권리의식을 지니도록 독려하는 것이 우리 부모의 역할이다.

인성이 뭐냐고 묻는다면

'나훈아 형님'은 이렇게 말씀하셨다. "사랑은 식물성이다." 대단한 말은 아니다. 그분의 노래 가사 중에 "사랑이 무어냐고 물으신다면 눈물의 씨앗이라고 말하겠어요"라는 게 있다. 사랑은 결국 씨앗이니까 식물성이라는 말씀. 80년대 유머다. 죄송하다.

어쨌든 사랑을 단번에 식물성으로 만들어버리는 것이 바로 개념, 혹은 정의의 힘이다. 우리가 지금 궁금해하는 인성 역시 개념이 중요하다. 개념을 모르고서는 솔루션을 찾을 수 없다. 개념, 즉 한 단어가 품고 있는 의미를 찾아보는 건 중요하다. 《특수교육학 용어 사전》을 뒤져보니 "인성이란 자신만의 생활 스타일로서 다른 사람들과 구분되는 지속적이고 일관된 독특한 심리 및 행동양식"이라고 나와 있다. 명확한 듯하지만, 역시 어렵다. 이번엔 네이버 국어사전을 살펴보았다.

인성 : [명사] 1. 사람의 성품 2. 각 개인이 가지는 사고와 태도 및
    행동 특성

아, 더 모르겠다. 헷갈린다. 그래서 좀 더 전문적인 자료를 찾
아봤다. 대학원 학위 논문을 이것저것 찾아보니 나처럼 인성이 뭔
지 궁금했던 사람들이 이미, 그것도 매우 많다는 것을 알았다. 강민
지의 〈중학교 영재교육원의 인성교육 현황 및 인성교육 프로그램
발전방향 탐색〉(건국대학교 교육대학원)이라는 논문에 인성의 개념을
찾아놓은 부분이 있었다.

　*조연순(2007) : 인성이란 자신의 내면적 요구와 사회 환경적 필
　요를 지혜롭게 잘 조화시킴으로써 세상에 유익함을 미치는 인간의
　특성이다.
　*추병완(2000) : ① 반인륜 행위의 폭발적 증가와 관련해 인성교
　육의 필요성을 주장한다. 이때의 인성이란, 인간다움 혹은 인간으로
　서의 바람직한 성품이나 성향, 즉 도덕성을 의미한다. ② 지나친 주
　지교육에 반대하는 가운데 인성교육의 필요성을 주장한다. 이때의
　인성이란, 지덕체를 고루 갖춘 전인(wholeperson)의 이미지와 결부된
　다. ③ 학교교육의 비인간화와 관련지어 인성교육의 필요성을 주장
　한다. 개성과 창의, 자율성을 함몰시키는 가운데 학생들을 도구화하
　는 경향 때문이다. 이때의 인성이란, 인간 중심의 의미를 내포한다.
　*문용린(2000) : 인성은 개인의 심리적이거나 행위적인 성향이다.
　인성은 사람마다 달라서 내성적인 사람이 있는가 하면 외향적인 사

람이 있으며, 도덕적인 사람이 있는가 하면 비도덕적인 사람도 있다.

　* 윤운성(1998) : 인성이란 지·정·의를 포함하는 마음과 가치 지
향적인 행동을 포함하는 특정한 반응양식의 개념이다.

　* 이윤옥(1998) : 인성이란 다른 사람에게 주는 그 사람의 전체적
인 인상으로 성품, 기질, 개성, 인격 등 가치 개념의 의미를 내포하는
것이다.

　여러 선생님들의 의견을 읽어봐도 아이쿠, 머리만 아프다. 우
리 아이 인성교육을 위해 인성에 대하여 알아보다가 아빠인 내 인
성부터 나빠지겠다. 너무 어렵고 복잡하다.

　뭔가 마음에 와 닿는 개념이 없을까? 과연 인성이란 무엇일
까? 그러다가 갑자기 생각났다. 우리 부모들은 이런 말을 해보거나
들은 적이 있다.

　"우리 아이는 인성이 좋아요."
　"걘 인성이 꽝이야!"

　이렇게 말하지만 사실 우리 부모, 특히 아빠들은 제대로 된 아
이들의 인성을 모른다. 나는 알았느냐고? 몰랐다. 하지만 알 수 있
었음에도 불구하고 알려고 하지 않았음을 반성한다. 학교 선생님들
이, 아니면 집에서 아이들을 돌보는 아내가 아이의 인성을 책임져
야 한다고 생각했다. 아이의 잘못된 행동을 보면서 '왜 학교는, 아
내는 교육을 이따위로 하느냐!'고 분노하기만 했다. 내 아이의 인

성에 대해 정의해보고 인성을 고양시키기 위한 방법을 찾아내려는 노력은 하지 않았다. 부끄럽다. 아이의 인성에 대한 책임의 반은 아빠의 몫이다. 그럼에도 조그마한 시도조차 하지 않았다. 반성하는 마음으로, 또 세상의 모든 아빠들과 공유하고자 하는 마음가짐으로 인성에 대해 연구해봤다.

우리는 보통 '인성' 하면 여러 덕목들을 쭉 나열한다. 인성의 덕목에는 정직, 책임, 배려, 정의, 시민의식 등등이 있다고 말이다. 나 역시 그것이 인성의 전부인 줄 알았다. 몇몇 덕목이 인성의 전부인 양 생각하다 보니 '군대 갔다 오면 사람 된다', '애들은 패야 정신 차린다' 등의 말에도 동의하곤 했다. 그러나 아니었다. 인성의 덕목을 언급하기에 앞서 인성의 기본적 특징을 아는 것이 중요하다는 것을 몰랐다.

인성의 특징을 모르고 인성의 요소들을 말한다? 인성의 덕목을 외우게 한다? 인성도 점수로 평가해야 한다? 그러면 부모는 불안해질 수밖에 없다. '주입식 인성교육'이 나오는 건 필연이다. 인성학원이 성행하고 1회에 5만 원 하는 인성교육보다 1회에 10만 원 하는 인성교육이 좋다고 하는 부모가 생길 것이다. 애들을 아침부터 해 떨어질 때까지 책상에 앉혀놓고는 또다시 인성학원에 보내야 하는 비극적인 일이 생기지 말라는 법도 없다. 나와 적을 모두 알면 백전백승이라고 했다. 여기서 적에 인성을 대입하면, 인성이 무엇인지부터 알아야 하며, 이때 알아야 할 그 무엇은 인성의 개념, 인성의 고유한 특징이다.

1. 변화   2. 더불어 살기   3. 행동

　　인성은 딱 이 세 가지다. "무슨 소리야?"라고 반문할 수도 있
겠다. "인성이란 예절, 배려, 책임, 이런 거 아니야?"라고 질문하고
싶을 것이다. 맞다. 그것도 인성은 인성이다. 다만 인성의 개별적인
덕목일 뿐이다. 인성교육을 말하면서 이런저런 덕목에 집중하느라
인성의 본래 성격을 등한시하지는 않았는지 반성해봐야 한다. 인성
교육은 아이들의 문제행동에 대한 처방책이 아니다. 인성 그 자체
의 성격을 아는 것이 최우선 과제다. 모든 덕목을 배우기에 앞서 반
드시 숙지해야 할 필요조건이 바로 인성의 세 가지 특징이다. 이 특
징을 모르고 덕목을 개별적으로 확인하는 것은 무의미하다.

인성, 세 가지만 기억하자

첫째, 인성은 변화다.

인성은 변할 수 있고 또 변해야 한다. 그게 인성이다. 아이가 제대로 된 사회 구성원으로 거듭나는 변화 과정에 집중하는 것이 인성교육의 핵심이다. 또한 '아이의 변화'를 촉진하는 효과적인 방식을 찾아내고 또 가르치는 데 목적이 있다.

언젠가 한 카페에서 옆자리의 어느 엄마가 "우리 애가 원래 인성은 좋아요"라고 말하는 것을 들었다. 이 엄마, 무지하다. 영화 〈봄날은 간다〉에는 명장면이 하나 나온다. '차이기 직전의 남자' 유지태가 '차는 여자' 이영애한테 말한다. "사랑이 어떻게 변하니?"

이런, 바보. 사랑은 변해야 제 맛이다. 변하지 않는 사랑이 어디 있는가. 사랑은 변한다. 사랑도 변하는데 '그까짓 인성 따위'는 변하는 게 정상이다. 어른의 인성도 늘 변한다. 변화 속에서 성장하기도 하고 퇴보하기도 한다. 우리 아이의 인성은 이 책을 읽는 지금도 변하고 있다. 그리고 변해야 한다. 다만 '그냥', 그리고 '아무렇게나' 변해서는 곤란하다. '잘' 변해야 한다. '좋은' 변화를 추구해야 한다. 인성이라고 하면 말 잘 듣는 아이, 인사 잘하는 아이를 떠올리기 전에 인성은 변하는 것임을 이해해야 한다.

우리는 "인성은 그렇게 잘나고 멋지고 아름답고 훌륭하고 순결한 게 아닙니다. 바꿀 수 있는 것입니다. 좋게 변화시킬 수 있는 것입니다"라고 말할 수 있어야 한다. 인성은 변하기 때문에 능력이기도 하다. 배워서 변할 수 있는 것이 능력이다. 이후 소개할 인성의 나머지 요소도 모두 능력이다. 변화도 능력이요, 더불어 사는 것도 능력이며, 행동도 능력이다. 부모는 아이가 '인성 능력치'를 극대화할 수 있도록 도와야 한다.

인성을 '잘난 그 무엇'으로 대우해주지 말자. 그냥 '바꿀 수 있는 놈'으로 편하게 생각하자. 인성을 거창하게 대하는 순간 우리 아이의 인성을 변화시키려는 노력은 어려워진다. 특별한 행사로만 인성을 바꿀 수 있다고 착각한다. 그것도 일회성의 행사로 말이다. 1년에 한 번 미술관에 애들 데리고 가서 "우리 아이 인성이 예술적으로 바뀌었어요", 1년에 두 번 서울대공원에 데리고 가서는 "우리 아이가 동물을 사랑하게 되었어요" 등의 헛소리를 하지 않으려면 인성은 일상 속에서 서서히 변화하는 능력임을 깨달아야 한다.

둘째, 인성은 더불어 살기다.

"인간은 사회적 동물이다." 아리스토텔레스가 사람을 '정치적

동물'로 표현한 것이 변형된 말이다. 인간은 사회의 어버이요 자식이며, 사회공동체의 형성자이다. 인간이 없으면 사회가 없겠지만 사회 없는 인간 역시 그 의미가 없다. 따라서 인간과 인성은 절대 사회성과 분리해 말할 수 없다.

인성은 이 세상을 잘 살아가기 위해 필요한, 내가 아닌 다른 사람과 더불어 사는 능력이다. 인성은 결국 '세상 사람들과 더불어 살기 위해' 변화하는 능력이다. '인격(혹은 성격) 완성'이라고 하면 그건 개인적 차원의 이야기다. 하지만 '인성 완성'은 단순히 개인적 차원의 인지적 도덕성이 아니라 사회적 차원의 실천적 도덕성이 기본이 되어야 한다.

2007년 미국 교육부는 내적인 품성(존중, 공정성, 보살핌 등의 도덕적·윤리적 가치)은 물론 사회적 덕목(책임감, 신뢰, 시민성)까지 포함해 인성을 개념화했다고 한다. 자기 내부를 돌아보는 것은 물론 사회 속에서 그 가치가 발휘되어야 인성이라고 천명한 것이다. 남의 입장에서 볼 수 있는 시각과 남과 함께 일할 수 있는 능력, 바로 인성교육이 지향해야 하는 바다. 당신의 아이에 대해 누군가가 "상대방 입장에서 바라볼 수 있고 상대방과 함께 무엇인가를 해결하는 능력이 좋아요"라고 말했다면 나는 다음과 같이 답해드리겠다. "당신 아이의 인성, 합격!"

셋째, 인성은 행동이다.

'말이 아닌 행동이 나를 대변한다'는 말이 있다. 인성은 생각이 아니다. 인성은 지식이 아니다. 인성은 눈에 보이지 않는 게 아니다. 인성은 움직임이요, 행동이며 실행이다. 쉽게 말해 우리 아이의 인성은 눈에 '팍!' 보여야 한다. 책임감 있는 아이? 책임감 있는 행동을 하고 있는가? 예절 바른 아이? 예절 바른 행동을 하고 있는가? 그렇다. 우리 아이들이 인성을 완성시키려면 인성을 지식적으로 알고 난 후에 그것을 행해야 한다. 용감한 일을 행함으로써 용감한 사람이 되고, 배려 있는 일을 행함으로써 배려 있는 사람이 되는 법이다. 맹자도 같은 생각을 했다. 맹자가 효도와 공손함에 대해 언급한 다음의 글을 보자.

> 천천히 걸어서 어른보다 뒤에 가는 것을 공손하다(弟)고 하고, 빨리 걸어서 어른보다 앞서가는 것을 공손하지 못하다(不弟)고 하는데, 천천히 걸어가는 것이 어찌 사람이 할 수 없는 것이겠습니까? 하지 않는 것입니다. 요와 순의 도는 효도와 공손함일 뿐입니다. 그대가 요와 같은 옷을 입고 요가 쓰던 말을 쓰며 요가 했던 행동을 실천한다면 바로 요와 같은 사람입니다. 반대로 당신이 걸이 입었던 옷을 입고 걸이 쓰던 말을 쓰며 걸이 했던 행동을 실천한다면 바로 걸과 같은 사람입니다.
>
> 《맹자》

효도와 공손함을 '아는' 것보다 '하는' 게 중요하다는 말이다. 효의 개념을 모르는 사람이라도 행동이 효면 그는 효자요, 효녀다. 인성교육의 성과는 행동으로 평가할 수밖에 없다. 참고로 인성교육을 한다고 아이들 붙잡아놓고 효도란 어쩌고저쩌고, 그러니 효도란 바로 이런 것이다!라고 외치지 말아야 한다. 아이들은 '아빠는 할아버지한테 효도 안 하면서…… 쳇'이라고 생각한다. 그러니 부모의 행동이 어떤지 먼저 살펴야 한다. 아이들에게 백 번 "똑바로 앉아 있어라"라고 말할 게 아니라 아빠부터 똑바로 앉아야 한다. 그래야 아이들도 아빠를 보고 따라 한다. 아빠가 행동으로 보여야 아이도 행동한다. 인성은 철저하게 행동으로 보여야만 한다.

지금까지 인성의 특징 세 가지를 말했다. 변화, 더불어 살기, 행동. 이것만 기억해도 인성의 개념을 이해하기 쉬워진다. 정직이나 효도 등의 덕목은 인성이 밖으로 표현되어야 할 모습을 말해줄 뿐이다. '뭐 이래. 이거, 쉽네?' 싶지 않은가? 그렇다. 다만 아는 게 쉬울 뿐 실제로 행동하는 것은 그리 만만치 않다. 어쨌거나 인성 개념, 끝!

[알아두기 1] 인성교육진흥법 핵심 정리

부모라면 인성교육진흥법의 핵심적인 내용 정도는 알고 있어야 한다. 주요 내용을 아래와 같이 정리했다. 밑줄은 부모라면 당연히 숙지하고 있어야 할 내용이다.

1. 인성교육진흥법의 입법목적

   : 건전하고 올바른 인성을 갖춘 시민 육성

2. 인성의 핵심 가치

   : 예, 효, 정직, 책임, 존중, 배려, 소통, 협동 등

3. 인성교육종합계획

   - 교육부 장관이 5년마다 수립

   - 시/도 교육감이 연도별 시행계획 수립 및 시행

4. 국가인성교육진흥위(신설)

   교육부, 문화육관광부, 보건복지부, 여성가족부 차관 및 민간 전문가 등 20명

   이내로 구성

5. 유치원 및 초/중/고

   : 학교장은 매년 인성교육 관련 과정을 편성 및 운영해야 함

6. 가정

   : 학부모는 학교 등에 인성교육 건의 가능

7. 인성교육 인증제

   : 학교 밖 인성교육을 위한 프로그램 및 교육과정 인증제 실시

8. 교원 연수 강화

   - 일정 시간 이상 교원들의 인성교육 연수 의무화

   - 사범대/교대, 예비교사의 인성교육 역량 위한 과목 만들어야 함

[알아두기 2] 간추린 인성교육진흥법

인성교육진흥법을 원문으로 읽어보자. 법이라면 머리부터 아픈 분들을 위해 주요 부분에 밑줄을 그어놨으니 정 읽기 싫다면 1분만 시간 내어 밑줄 부분만 읽어보시기 바란다.

제1조(목적) 이 법은 「대한민국헌법」에 따른 인간으로서의 존엄과 가치를 보장하고 「교육기본법」에 따른 교육이념을 바탕으로 건전하고 올바른 인성을 갖춘 국민을 육성하여 국가사회의 발전에 이바지함을 목적으로 한다.

제2조(정의) 이 법에서 사용하는 용어의 뜻은 다음과 같다.

1. '인성교육'이란 자신의 내면을 바르고 건전하게 가꾸고 타인 · 공동체 · 자연과 더불어 살아가는 데 필요한 인간다운 성품과 역량을 기르는 것을 목적으로 하는 교육을 말한다.
2. '핵심 가치 · 덕목'이란 인성교육의 목표가 되는 것으로 예, 효, 정직, 책임, 존중, 배려, 소통, 협동 등의 마음가짐이나 사람됨과 관련되는 핵심적인 가치 또는 덕목을 말한다.
3. '핵심 역량'이란 핵심 가치 · 덕목을 적극적이고 능동적으로 실천 또는 실행하는 데 필요한 지식과 공감 · 소통하는 의사소통능력이나 갈등해결능력 등이 통합된 능력을 말한다.
4. '학교'란 「유아교육법」 제2조 제2호에 따른 유치원 및 「초 · 중등교육법」 제2조에 따른 학교를 말한다.

제4조(국가 등의 책무)

① 국가와 지방자치단체는 인성을 갖춘 국민을 육성하기 위하여 인성교육
   에 관한 장기적이고 체계적인 정책을 수립하여 시행하여야 한다.
② 국가와 지방자치단체는 학생의 발달 단계 및 단위 학교의 상황과 여건
   에 적합한 인성교육 진흥에 필요한 시책을 마련하여야 한다.
③ 국가와 지방자치단체는 학교를 중심으로 인성교육 활동을 전개하고,
   인성 친화적인 교육환경을 조성할 수 있도록 가정과 지역사회의 유기
   적인 연계망을 구축하도록 노력하여야 한다.
④ 국가와 지방자치단체는 학교 인성교육의 진흥을 위하여 범국민적 참여
   의 필요성을 홍보하도록 노력하여야 한다.
⑤ 국민은 국가 및 지방자치단체가 추진하는 인성교육에 관한 정책에 적
   극적으로 협력하여야 한다.

제5조(인성교육의 기본방향)

① 인성교육은 가정 및 학교와 사회에서 모두 장려되어야 한다.
② 인성교육은 인간의 전인적 발달을 고려하면서 장기적 차원에서 계획되
   고 실시되어야 한다.
③ 인성교육은 학교와 가정, 지역사회의 참여와 연대 하에 다양한 사회적
   기반을 활용하여 전국적으로 실시되어야 한다.

제10조(학교의 인성교육 기준과 운영)

① 교육부장관은 대통령령으로 정하는 바에 따라 학교에 대한 인성교육
목표와 성취 기준을 정한다.
② 학교의 장은 제1항에 따른 인성교육의 목표 및 성취 기준과 교육대상의
연령 등을 고려하여 대통령령으로 정하는 바에 따라 매년 인성에 관한
교육계획을 수립하여 교육을 실시하여야 한다.
③ 학교의 장은 인성교육의 핵심 가치·덕목을 중심으로 학생의 인성 핵심
역량을 함양하는 학교 교육과정을 편성·운영하여야 한다.
④ 학교의 장은 인성교육 진흥을 위하여 학교·가정·지역사회와의 연계
방안을 강구하여야 한다.

Part 01

인성으로 세상을 만나다

생각하기

{ 효 }

효란 걱정해주는 능력이다

아이들은 아빠, 엄마를 사랑하는 것으로 시작하여,
나이가 들면서 부모를 평가하게 되고,
때때로 부모를 용서할 줄 알게 된다.
-오스카 와일드(Oscar Wilde)

일요일 오전 11시, 집 앞 상가 지하 1층에 있는 푸드코트에서 '아점'을 먹는다. 둘째 준서와 식사를 함께 했다. 어린놈이 신기하다. 알곤이탕을 좋아한다. 알은 물론이고 곤이(물고기의 뱃속에 있는 알 뭉치)까지 맛있게 먹는 준서를 보면서 왠지 기분 나쁜 러시아산(후쿠시마 원전에서 흘러나온 방사능 물질이 포함된 바닷물에 사는 물고기는 아닌가 하는 쓸데없는 염려)이라는 원산지 표기도 살짝 잊는다. 마음이 뿌듯하다. 아이가 밥 한 그릇 잘 먹는 것을 보는 것만으로도 배가 부르다. 의문이 들었다. 내가 이렇게 자기를 예뻐해준 것을 기억이나 할까? 효도할 놈일까? 그래, 효도! 김치를 한 점 입에 넣으려는 준서에게 물어봤다.

"준서야, 너 효가 뭔지 알아?"

준서는 초등학교 3학년이다. 이제 갓 열 살. 과연 무슨 대답이

나올까? 잠깐 생각하는 것 같더니 바로 대답을 한다.

"아빠가 돈 벌고 일하느라 힘들잖아요. 그래서 걱정이 되고…… 음…… 그래서 도와주는 거요."

당황했다. 솔직히 내가 언제 '효란 무엇인가' 하며 고민한 적이 있었던가. 없다. 그뿐인가. 효가 무엇인지 잘 모른다. 무엇인지 모르기 때문에 뭐라고 말할 수도 없다. 아빠가 '모르는' 것을 아이는 '말하고' 있었다. 대한민국 초등학교 3학년짜리가 효에 대한 개념을 너무나도 구체적으로, 투명하게 알고, 또 말할 줄 안다는 데 감동을 받았다. 뭉클했다. 이제 다 컸구나.

생각난 김에 스마트폰으로 효를 검색해봤다(뭐만 보면 검색부터 하는 이 병은 언제 고치려나?). 과연 준서의 말, '효란 부모를 걱정하고 도와주는 것'이라는 개념이 맞을까? 검색의 결과는 이랬다.

효 : 어버이를 잘 섬기는 일

섬긴다. 어떻게 섬겨야 하는 걸까? 구체성으로 따지면 열 살짜리 준서의 해석이 한 수 위다. 계속해서 효를 영어로는 어떻게 표현하는지 찾아보았다.

효 : filial duty

'자식으로서의 의무'라고? 의무? 뭘 해야 하는 건데? 우리 집둘째인 준서가 이미 말했다. '걱정해주고 도와주는 것.' 나는 '효란 엄마, 아빠를 걱정하고 도와주는 능력'이라는 초등학교 3학년 아이의 생각을 효의 개념으로 채택하겠다. 여기서 핵심 키워드는 '걱정'이다. 이때의 걱정은 불안, 근심, 의심 등으로 해석하기보다 타인에 대한 염려, 관심, 돌봄 등으로 해석해야 한다. 어린이가 세상의 모든 불안, 근심을 짊어져서는 곤란하니 말이다.

정리해보자. 우리 아이들에게 효란 자신을 사랑해주는 엄마, 아빠에 대한 염려와 관심, 그리고 돌봄의 능력이다. 그게 바로 인성교육에서 말하는 효의 개념이다.

공부보다
먼저해야 할 것들

부모를 섬길 줄 모르는 사람과는 벗하지 말라.
그는 인간의 첫걸음을 벗어났기 때문이다.
- 소크라테스(Socrates)

이쯤에서 머리도 식힐 겸 재미있는 객관식 문제를 하나 풀어 보자.

Q. 강남구 대치동의 당구장이 가장 붐비는 시기는 언제인가?

　　1) 금요일 밤 7시에서 8시

　　2) 토요일 밤 6시에서 7시

　　3) 월요일 밤 8시에서 9시

　　4) 중학교(혹은 고등학교) 시험기간 중

문제가 너무 쉬웠나. 답은 4)번이다. 자, 여기서 끝이 아니다. 그렇다면 왜 그런지 그 이유에 대해 써보자. 우리들이 싫어하는 주관식으로 말이다.

뭐라고 썼는가? 정답은 '애들 공부하는 데 아빠가 집에 있으면 방해되니까 밖에 나가 있어야 한다'이다. '웃프다'(웃기면서 슬프다'라는 말의 줄임말)고 해야 하나⋯⋯. 나는 솔직히 그냥 슬프기만 하다. 언제부터 우리 아빠들이 아이들 시험기간 때면 겉돌아야만 하는 처지가 되었단 말인가. 가장이라는 사람이 아이들의 시험공부 때문에 이리저리 쫓겨 다녀야 하는 처지라니 정말 슬프다. 아이들의 시험공부에 방해가 될까 봐 주말 저녁에 담배연기 자욱한 당구장을 전전해야 하는 게 요즘 아빠의 팔자인가보다.

이렇게 가정에서 아빠의 역할과 자리가 없어지다 보니 대한민국의 많은 기업이 채택하고 있는 '가정의 날'—내가 재직 중인 회사는 매주 수요일이며, 6시 '땡' 치면 퇴근한다—에도 아빠들은 집에 못 들어가고 회사 근처에서 삼겹살에 소주를 하며 스스로 몸을 해치기까지 한다. 심지어는 아이들을 위해 자신의 온 힘을 다해 일하고 외로움을 참아내다가 결국 죽음을 택하는 아빠들의 이야기도 가끔 신문에 오르내린다. 2013년 11월 〈조선일보〉에도 그런 사연이 실렸다. 인천에 사는 50대 남자가 번개탄을 피워놓고 숨진 것이다. 경찰 조사 결과, 아내와 당시 고등학생이었던 아들 둘을 미국에 보내고 기러기 아빠로 살다가 외로움과 경제적 어려움 때문에 스스로 목숨을 끊었다고 한다.

아빠라고 해서 외로움이 없는 건 아니다. 아빠라고 해서 모든 고난을 이겨낼 수 있는 건 아니다. 이런 아빠들의 어려움을 아이가 모른 척해서는 안 된다. '너는 공부만 해! 쓸데없는 걱정 하지 말고!'는 이제 구시대의 잘못된 사고로 철저히 배격되어야 한다. 아이들이 할 수 있는 유일한 효도는 학업성적뿐이라는 착각(부모건 학생이건 모두!)에서 벗어나야 한다. 우리의 부모들이 그랬으니 우리 역시 그래야 한다고? 중국 청 말의 외교관 황준헌은 "옛사람의 처방을 가지고 오늘날의 병을 치료한다는 것은 불가능하다"고 했다. 정치적인 것에만 해당되는 이야기일까? 아이와의 관계, 부모의 역할 등에 있어서도 이제 과거의 처방, 즉 공부만 잘하면 만사 오케이라는 생각은 버려야 한다.

공부 이전에 아이들이 우리 부모들의 어려움에 대해 걱정하는 자세를 갖도록 가르쳐야 마땅하다. 공자 역시 《논어》〈학이〉 편에서 "젊은이들은 집에서는 효도를 해야 해. 밖에서는 우애를 다져야 하고. 성실한 행동에 믿음직한 말씨는 필수고, 많은 사람들을 골고루 사랑하되 사람다운 사람과는 더욱 가까이 하려고 해야지. 아차, 그러고도 시간이 나면 그때 글을 배워라. 알았지?"라고 했다. 효도 하나 제대로 못하는 인간이 무슨 공부를 한단 말인가. 공자는 우선 효도하고, 사랑하고, 그러고 나서 공부하라고 충고한다.

언제부터 공부가 효에 앞서게 되었던가. 효는 인성의 기본 중의 기본이다. 인성의 덕목 중 단 하나를 고른다면 단연 효다. 모든 인간관계의 시작이기 때문이다. 일생에서 가장 중요한 것이 인간관계인데 우리 아이들은 효를 통해서 부모와의 인간관계를 배우기 시작한다. 가장 가깝지만 그럼에도 타인인 부모에 대해 아이들은 걱정스러운 마음을 갖고 도와주는 행동을 해야 한다. 거기서부터 아이는 사회로 나갈 준비를 할 수 있다.

사회로 나가는 첫 관문인 가정에서 인성 교육의 첫 번째인 효에 대해 우리는 어떻게 아이들을 가르치고 있었던가? 지금 당장 살펴볼 일이다. 오로지 주기만 하는, 영원히 을(乙)인 부모에게 진심에서 우러나오는 관심을 갖는 것이 바로 효의 시작이다.

효란 절약 정신이다

지갑이 바닥을 드러냈다면 절약은 이미 늦은 거다.
- 서양 속담

효란 걱정해주는 능력이라고 했다. 그러면 걱정만 하면 되는 건가? 행동하지 않는 앎? 아이고, 의미 없다. 효는 '앎'이 아닌 '행동'이다. 아이는 무엇으로 효를 보여줘야 하는가. 아빠 구두 닦기? 어깨 주물러주기? 부모님이 집에 오면 인사하기? 이런 것들은 효가 아니다. 그냥 기본이다. 기본을 언제부터 우리가 효라고 불렀던가.

솔직히 나도 할 말은 없다. 아버지 다리 주물러드리고 용돈 받으려고 했던 어린 시절이 있었으니 말이다. 그런 걸 효로 생각했다. 그건 효가 아니라 당연한 일임을 몰랐다. 내가 다리를 주물러드리면, 인사를 잘하면, 우리 부모님은 "우리 범준이, 효자네!"라고 칭찬하셨다. 정말 효자라서 그렇게 말씀하신 게 아니라 그저 내가 귀여워서 그랬음을 이제야 알았다. 효에 대해서 잘못 배웠다. 그렇다면 어떻게 효를 행동으로 보여줘야 하는 걸까? 우리 아이들이 효를 표현할 수 있는 가장 기본적인 행동은 무엇일까? 다음의 퀴즈를 우선 풀어보자.

Q. '우리는 OO사회에 살고 있다.' 이 문장의 OO에 들어갈 말로 적당 한 것은?

1) 효도 2) 예절 3) 피로 4) 자본주의

답은 1)인가? 아니다, 4)다. 자본주의의 자(資)는 재물이다. 돈! 본(本)은 근본이다. 즉, 우리는 돈이 모든 것의 근원인 사회에 살고 있다. 많은 사람들이 돈을 천하게 본다. 돈 앞에서 인간성의 상실이 어쩌고저쩌고, 로또가 된 사람치고 행복한 사람이 없다 어쩌고저쩌고, 말들이 많다. 솔직히 우습다. 돈은 근본이다. 돈은 중요하다. 돈이 있다고 무조건 행복한 것은 아니지만 돈 때문에 불행해지는 경우는 수도 없이 많다. 돈이 전부라고 말하기는 나 역시 조심스럽다. 하지만 돈이 모든 것의 뒤에 '똬리'를 틀고 있음을 부정하는 사람은 거짓말쟁이다. 이런 돈을 아이들이 외면해서는 곤란하다. 이미 효도에 있어서도 돈이 가장 중요한 포인트가 되고 있음을 법도 파악하고 있다.

2015년 9월자 〈문화일보〉에는 새정치민주연합이 민법 일부 개정안, 이른바 '불효자 방지법'을 곧 발의한다는 기사가 났다. 현행법의 재산 증여 조항을 바꿔 자녀의 부모 학대를 막자는 취지라고 한다. 증여 취소 요건을 담은 민법 제556조의 내용을 바꾸어, 자녀가 부모를 부양하면서 홀대하는 경우에도 증여를 취소할 수 있도록 개정하자는 것이다. 또한 한번 증여한 재산은 돌려받을 수 없게 한 민법 제558조도 개정하여, 자녀가 부모의 믿음을 저버리는 행위를 하면 반환받을 수 있도록 했다.

이 법이 실제 통과할지 여부를 떠나 법을 통해 효도를 강제해야 하는 시대가 되었다. 결국 돈이 문제인 것이다. 그냥 외면만 할 것인가? "우리 아이들은 돈에서 자유로워야 한다. 하지만 자유로워서는 안 된다"는 말이 있다. 아이들이 미래에 돈으로부터 좀 더 자유로운 사람이 되었으면 하지만 돈 문제에 있어서 지금부터 여유로워서는 안 된다는 의미다. 돈이 소중한 것임을 아이들이 뼈저리게 배울 필요가 있다. 아이스크림 먹을 돈이, 고래밥 사 먹는 돈이, 문구점 앞 뽑기를 하는 돈이, 어디서 그리고 어떻게 나오는지 '똑똑히' 알아야 한다. 부모님 돈의 소중함을 모르는 '후레자식'으로 키워서는 정말 곤란하다.

아이들에게 무슨 돈 교육을 시키느냐고 말할지도 모르겠다. 선진국들은 이미 그렇게 하고 있다. 2015년 5월 〈머니투데이〉에 실린 기사에 따르면 미국, 영국 등 해외 선진국은 글로벌 금융위기 이후 일회성 교육의 한계점을 인식하고 학교 정규 교과목으로 금융교육을 실시하고 있다고 한다. 미국 43개 주가 교육과정에 금융교육을 포함시켰고, 17개 주에선 고등학교 의무교육으로 편성했다. 특히 2008년 대통령 직속 금융교육자문위원회를 둔 미국은 2013년에는 '청소년을 위한 금융역량 강화 자문위원회'를 별도로 구성했다. 영국 또한 2014년 9월에 경제·금융 교육을 중·고교(만 11~16세) 필수과목에 포함시켰으며, 수학교과의 상당 부분을 화폐의 기능과 사용, 개인 예산 세우기, 투자 위험 알기 등 생활에서 응용할 수 있는 내용으로 바꾸었다. 호주도 2008년부터 유치원에서 고등학교까지 금융을 의무적으로 가르치고 있다.

서양식 교육을 모두 받아들여야 하는 건 아니지만 배울 건 배워야 한다. 특히 '돈 교육'은 배워야 한다. 아이에게 돈 교육을 제대로 시켜야 한다. 공교육이 그 역할을 하지 못하고 있다면 우리 부모들이 나서서 돈의 소중함과 함께 돈의 본질, 기능까지 가르쳐줘야 한다. 자신들이 쓰는 돈을 부모가 얼마나 힘들게 벌었는지를 알아야 한다.

효란 부모의 돈을 소중히 여길 줄 아는 능력도 포함된다. 즉, 효는 부모의 돈을 아끼는 능력에서 시작된다. 학원 보내주면 "학원 보내줘서 고맙습니다."라고 말 한마디 할 수 있게 만드는 게 효의 기본이다. 밥상 차려주면 "엄마, 힘들게 돈 버셔서 이렇게 맛있는 거 해주셔서 고맙습니다"라는 생각을 가질 수 있는 것, 이것이 효다. 학원 보내주면 공부하기 싫다고 날뛰고, 밥상 차려주면 치킨 먹고 싶다고 법석을 떠는 아이에게 효란 없다. 그런 아이들에게 무슨 인성을 바라겠는가. 물론 그 잘못은 효를 잘못 가르쳐준, 돈이 얼마나 힘들게 얻어지는 것인가를 안 가르쳐준, 아이를 아무런 대책 없는 '금융문맹'으로 만들어버린 부모에게 99.99퍼센트 있다.

가끔은 아픈 척도 하자

여러분의 부모님들은 항상 이렇지 않았습니다.
그분들은 여러분이 태어난 후부터 그렇게 변했을 뿐입니다.
– 빌 게이츠(Bill Gates)

우리 아이 효 능력을 측정(?)하는 방법, 혹은 효 능력치(?)를 키우는 방법은 무엇일까? 나는 '부모의 꾀병'을 추천한다. 아픈 척, 죽는 척, 힘든 척, 괴로운 척. 아이에게 보여주기 위한 꾀병, 가끔 해보자. 하지만 자주 하면 안 된다. 양치기 소년이 되어서는 곤란하다. 1년에 한두 번? 그래, 딱 그 정도면 된다.

무슨 꾀병을 부리냐고? 말 그대로 꾀병을 부리라니까! 힘들고, 아프다고, 죽겠다고, 사는 게 쉽지 않다고 말해보자.

사실 그것이 꾀병만은 아니지 않은가. 회사에서 일하면서, 집에서 아이들 돌보면서, 하루에도 몇 번씩 눕고 싶은 때가 많다. 힘들고 어렵고, 괴롭고 피곤하고. '죽겠다'를 왜 그렇게 입에 달고 사느냐고, 모두들 그런 말 하지 말라고 하지만 그 '죽겠다'는 말을 하지 않으면 정말 죽을지도 모른다. 우리를 위로해주는 건, 우리를 힐

링시켜주는 건, '잠깐만 멈춰보라'는 스님의 말이 아니다. '아픈 게 당연하다'는 교수님의 말도 아니다. 우리가 스스로에게 던지는 '죽겠다'는 역설적 단어가 우리를 살린다. 이런 말이라도 하지 않으면 어디에 하소연할 것인가. 그게 자신에게든, 타인에게든 말이다.

어찌 되었건 우린 이 '죽을 것만 같은' 삶에서 혼자만 괴로워하지 말아야 한다. 아이도 알아야 한다. 부모의 아픔을 미리 알아야만 아이들이 나중에 커서 그 아픔을 겪지 않을 수 있다. 미리 예방주사를 맞는 거라고 생각하자. 그러니 아프면, 아프다고 잉잉대자. 아내에게, 남편에게만 힘들다고 말하지 말고 당신의 아이에게도 가끔은 마음을 말해보자. 실제로 아픈 데도 많지 않은가. 나 역시 나이가 들면서 '오십견'이 왔다. 어깨가 아파서 밤잠을 설친다. 가끔은 무릎도 시큰댄다. 그뿐이랴. 두통은 왜 그리 자주 오는지, 생전 처음 무좀이라는 건 왜 걸리게 되었는지, 맥주만 마셔도 왜 이리 배가 아픈지 모르겠다.

이때가 아이들의 효 능력치를 높일 때다. 아이들은 아빠의 두통을, 엄마의 배탈을 예상 외로 씩씩하게 이겨낸다. 동생이 있다면 동생을 리드하면서 의젓함까지 드러내 감탄하게 만든다. 아빠의 머리에 찬 수건을 가져다 올려주고, 엄마의 배를 따뜻하게 만져주면서 부모를 감동시킨다. 그 과정에서 아이들은 효를 느끼고 또 배운다.

"위기가 기회다." 우리 어른들은 이렇게 말한다. 그런데 정작 아이들에게는 위기 자체를 가르쳐주려 하지 않는다. 초등학생 정도 되었다면 지나치게 오냐오냐만 하지 말고 위기에 대해서도 가르쳐주는 '여유'를 가져야 한다(물론 늘 그렇듯 지나치면 아니함만 못함은 주의

하자). 우리 아이들은 무조건 칭찬으로만 크지 않는다. 아이들은 본능적으로 이겨나가는 힘을 지니고 있다. 부모가 해야 할 일은 일일이 가르쳐주는 것이 아니라 묵묵히 응원하는 것이다. 가끔씩은 꾀병을 부려서 아이가 부모를 걱정하고 행동으로 표현할 수 있는 계기를 마련해주자.

효는 보고 배운다

요즘 애들은 폭군 같다.
스승을 괴롭히며 부모에게는 대든다.
- 소크라테스

심리학을 공부하기 시작하면서 '쓸데없는 걱정을 하지 말라'
는 이야기를 많이 봤다. 맞다. 걱정은 줄여야 한다. 세상이 온통 문
제인데 필요 없는 걱정까지 해서야 되겠는가. 하지만 부모에 대한
걱정은 다르다. 세상이 문제투성이일지라도 부모님에 대한 걱정은
늘 해야 한다. 단지 걱정으로 끝내는 게 아니라, 실제로 무엇인가를
행해야 한다.

아이가 나에게 효도하기를 기대한다. 나를 '걱정'했으면 좋겠
다. 내가 고단한 밥벌이를 통해 가져오는 돈을 '절약'했으면 한다.
그렇다면 부모인 내가 해야 할 것이 있다. 내가 부모님에게 효도하
는 모습을 아이가 볼 수 있도록 해야 한다. 아이들은 우리가 부모님
께 '행하는 그 무엇'을 보고 자란다. 내가 부모님의 병에 대해 걱정
하는 모습을 아이가 보고 있는가? 내가 부모님의 경제적 문제를 고

민하는 모습을 아이가 보고 있는가? 내가 부모님을 걱정하는 모습을 보이지 않는다면, 내가 아무리 효자라고 해도 아이에게 비친 내 모습은 불효자일 뿐이다.

30분 내에 부모님에게 전화해서 다음과 같이 말하자. 단, 나의 아이들이 있는 바로 그 자리에서, 나의 말소리가 들리는 곳에서 해야 한다.

1) 전화를 드린다. "다리 아프신 건 어떠세요. 어쩌고저쩌고……."
2) 전화를 드린다. "지난번 세금은 어떻게 잘 처리하셨나요. 어쩌고 저쩌고……."

내 아이들이 있는 그 자리에서 전화할 수 있어야 한다. 그러지 못한다면 아이들의 효도를 기대해서는 안 된다. 내가 보여주지 않는 효도를 아이에게 바란다면 그건 도둑놈 심보, 아니 그냥 도둑놈이다. 이쯤에서 고백한다. 내가 바로 그렇다. 표현에 익숙하지 않다 보니 부모님에게 문안인사 드리는 거 쉽지가 않더라. 쉽지 않다고 포기할 것인가. 우리는 효에 대해 아이에게 무엇인가를 보여줘야 한다.

학교에서 인성의 모든 것을 책임지도록 그냥 내버려두어서는 곤란하다는 생각에는 거의 모든 부모가 동의한다. 아이들의 올바른 인성을 위해서는 가정, 학교, 사회의 역할이 모두 중요하겠지만 그 중에서도 가정의 역할이 일차적으로 중요하다. 특히 효라는 덕목은 학교에서 가르쳐봐야 피상적일 수밖에 없다.

가정은 아이에게 삶의 기준을 가르쳐준다. 아이는 부모로부터 삶의 기준을 배운다. 그리고 또래 아이들과 어울리며 그 기준을 적용하고 깨지고 다시 수정하면서 사회 구성원으로서의 태도를 습득한다. 만약 부모가 '기준이 되는 그 무엇'을 보여주지 못한다면 아이는 기준조차 없이 세상에 버려진 것과 다를 바가 없다. 그만큼 부모의 역할은 중요하고 또 중요하다. 부모 자신의 행위가 효의 모범이 되어야 한다.

　　《논어》에서 공자는 "억지로 함이 없이 잘 다스리는 자는 순임금이시다. 무엇을 하셨는가? 몸을 공손히 하여 남쪽을 향해 계셨을 뿐이다"라면서 순임금과 같은 군주가 몸을 공손히 하는 모범을 보이는 것만으로도 백성은 그 인품에 감화되어 저절로 도덕적 인간이 된다고 말했다.

　　부모 역시 아이들 앞에서는 순임금과 같아야 한다. 사회로 나아가는 베이스캠프인 집에서 아이는 자신의 부모에게 효를 행함으로써 사회인이 될 준비를 한다. 효는 사회의 가장 기본적인 단위인 가정을 건강하게 유지해준다. 또한 효는 타인과 더불어 사는 데도 자신감을 갖도록 해주는 인간관계의 기본이다.

아빠에겐 권위도 필요하다

군자는 그 부모를 섬김으로써 백성을 어질게 대하고,
백성을 어질게 대함으로써 만물을 사랑한다.
- 맹자

효는 부모에 대한 경애(敬愛)의 감정이기도 하다. 부모를 사랑하는 한편 공경해야 한다. 공경이란 공손히 섬긴다는 뜻으로, 그 속에는 어려워하는 마음이 포함되어 있다. 요즘 아이들은 자신의 목숨이, 자신의 신체가 그저 자신의 것인 줄로만 안다. 그래서 스스로를 함부로 대한다. 사회문제인 자살, 그리고 자해가 그렇다. 부모를 사랑하고 어려워한다면 어떻게 부모가 부여해준 신체와 생명을 함부로 할 수 있을까? 또한 자신을 함부로 대하는 아이가 어떻게 세상을 진지하게 대할까? 효는 곧 모든 것을 사랑하는 능력의 근원이다. 진정한 효에 대해 다시 한 번 생각해볼 때다.

또다시 공자가 등장한다(역시 공자는 동양사상의 슈퍼스타다!). 공자는 효의 주요한 관념으로서 '공경심'을 강조하였다. 봉양하는 행동뿐 아니라 공경하는 마음이 효의 관건이라는 것이다. 웃어른에 대한 예절로는 얼굴빛, 즉 존경하는 태도가 문제라고 하였다. 또한 부모에게 걱정을 끼치지 말아야 한다고 말했다. 이는 《효경》에 '우리의 신체는 머리털에서 살갗에 이르기까지 부모에게서 받은 것이니 감히 손상하지 않는 것이 효의 시작이니라'라고 분명하게 표현되어 있다.

효가 제자리를 찾아야 한다. 이때 필요한 것이 부모의 권위다. 부모의 권위가 훼손되어서는 곤란하다. 아이들이 부모의 얼굴빛을 살피고, 존경하는 태도를 보이며, 자신의 몸과 마음을 함부로 훼손하지 않도록 하기 위해서라도 아빠의 권위는 필요하다. 한때, 아니 어쩌면 지금도 친구 같은 아빠, 즉 '프렌디(friendy)'가 바람직한 아빠의 모습으로 부각되고 있다. 지나치게 권위적이었던 지난 세대 아버지에 대한 반발일 수도 있다. 하지만 그저 친구 같은 아빠가 과연 옳을까? 아기 때는 당연히 친구 같은 아빠여야 한다. 사랑하는 마음을 적극적으로 표현해야 하며 작은 일에도 함께 기뻐하고 서로 즐거움을 느끼는 것이 중요하다. 사소한 일에도 깔깔대고 함께 웃고 즐길 때 아빠와 아이 사이의 사랑과 신뢰가 깊어진다.

하지만 우리 아이들도 청소년이 되기 마련이다. 사춘기는 자기 자신을 만들어가는 과정이기 때문에 필연적으로 부모로부터 멀어질 수밖에 없다. 모든 인간에게는 그러한 시기가 필요하다. 이때는 아이가 자신의 세계를 구축할 수 있도록 지지해주어야 한다. 이 순간 아이는 '친구 같은 아빠'보다는 '그냥 친구'를 원한다. 친구 같은 아빠는 그 효용가치가 없어진다. 그렇기 때문에 사춘기가 되기 전에 '친구 모드'와 더불어 '권위 모드'를 균형 있게 갖추어 아이들에게 보여줄 수 있어야 한다. 그래야 혼란한 사춘기 때 아이들이 부모나 자기 자신을 함부로 대하지 않게 된다.

친구 같은 아빠가 되기만 하면 모든 것이 잘될 것이라고 믿는 사람들이 많다. 착각이다. 아빠와 아이는 친구가 아니다. 엄마, 아빠에게 깊은 존경심을 갖지 못한 아이는 다른 사람도 존중과 예의로 대하기 힘들다. 부모의 육아가 친밀함으로 끝나서는 안 된다. 놀이 친구로 아버지의 역할이 끝나서는 안 된다. 부모가 아이에게 가르쳐줄 수 있는 것과 친구가 아이들에게 줄 수 있는 우정은 구분되어야 마땅하다. 그래야 아이가 청소년기에 진입하여 자아정체성 형성의 핵심 부분인 삶의 목적을 찾으려 할 때 아빠가 도움을 줄 수 있다. 자기 자신을 넘어서서 세상에서 무엇인가를 성취하기 위해 노력하려는 목적의식을 고양시켜줘야 하는데, 권위를 가진 아빠만이 그때 등대와 같은 역할을 할 수 있다.

그렇다. '그저 재미있기만 한 친구'가 좋은 아빠는 아니다. '믿음직한 친구'가 좋은 아빠다. 아이의 삶은 스스로의 것이다. 그렇다고 해서 그냥 내버려두어서는 안 된다. 효와 같은 가치는 스스로 체득할 수 있는 요소가 아니다. 아빠가 가르쳐줘야 하는 학습의 영역에 있다. 권위는 아이가 제대로 된 효를 알고 행하도록 하기 위해 아빠 스스로가 지켜야 할 최후의 보루다.

인사하기

{예}

예는 규칙이고 인사다

인간은 인생의 방향을 결정할 규칙을 가져야 한다.
- 존 웨인(John Wayne)

목욕탕에 둘째 준서를 데려갔다. 뜨뜻한 욕탕에 들어갔다. 피로가 풀린다. 그래, 이 맛이야. 사람이 물속을 좋아하는 이유는 엄마의 자궁 안에서 놀던 때와 비슷해서라고 한다. 어느 정도는 근거가 있지 않을까 싶다. 준서와 노닥대는데 같은 욕탕에 있던 준서 또래의 아이 둘이 물장난을 친다. 튀긴 물이 나에게 자꾸 닿는다. 짜증이 났다. "너희가 그래서 아저씨가 불편하다"고 한마디 했다. 그리곤 쏘아봤다. 그건 나의 권리라고 생각한다(내가 좀 '까칠한' 면이 있음을 인정한다). 얌전하게 욕탕에 앉아 있는 준서에게 물어보고 싶은 게 생겼다.

"준서야, 예절이 뭔지 알아?"

'왜 매번 이런 걸 물어보는 걸까' 하는 표정을 짓는다. 잠시 생각하더니 짧게 대답한다.

"규칙을 지키는 거요."

내 머리가 빠르게 움직인다. 예절을 물어봤는데, 왜 규칙을 말하는 거지? 규칙? 예절? 무슨 관계가 있는 걸까? 곰곰이 생각하다가 '아!' 하고 탄성을 질렀다. 맞다. 예절은 규칙을 지키는 것이다. 사람이 사회생활을 하며 기본적으로 지켜야 하는 규칙이 바로 예절이다.

잠깐, 이 책을 쓰면서 내가 알게 된 중요한 사실—어쩌면 아이의 인성 그 자체보다 더욱 중요한—을 말씀드리고 싶다. 두 가지다.

1) 아이는 많은 것을 알고 있다.
2) 아이의 생각이 어른의 생각보다 나은 경우가 많다.

1)번은 지식, 2)번은 지혜라고 할 수 있다. 어리광만 부리던 아이들, 장난감 사달라고 보채는 아이들로만 생각했던 나를 반성하게 되었다. 우리 아이들은 이미 많은 것을 알고(지식) 깨닫고(지혜) 느끼며 행하고 있다. 부모의 역할에 대해 곰곰이 생각해봤다.

'아이에게 무엇이 결여되었는지를 보려고 애쓰지 말고 아이에게 무엇이 있는지를 찾아내는 것이 부모의 역할이다.'

어른은 아이의 능력에 대해 일단은 '무조건적인 긍정'으로 접근하는 게 맞다. 어린애라고 그저 가르치려고만 들지 말고 아이가 가지고 있는 생각을 하나둘씩 끄집어내다 보면 탄성이 절로 나오는 때가 한두 번이 아니다. 아이들은 부모가 생각하는 것은 물론 아이 스스로가 생각하는 것보다 훨씬 많은 것을 알고 있고 또 갖고 있다. 예절에 대한 개념만 해도 그렇다. 누군가 나에게 예절에 대해 물어봤다면 '그건 다른 사람에게 예를 잘 갖추는 거야'라고 동어반복을 피하지 못했을 것 같다. 아이는 달랐다. 예절이 무엇인지 구체적이면서도 명확하게 알고 있었다. 아이의 정신적 성숙에 감동했다. 우리 교육에 대한 나의 무지를 반성했다.

요즘 학교, 그리고 선생님들에 대해 이런저런 말들이 많지만, 솔직히 교육은 제대로 시키고 있다. 우리 학교 선생님들, 아이들을 정말 잘 가르친다. 착하고 예쁜 아이들로 성장시키는 선생님들이 무지하게 많은 거다. 그걸 모르고 '애들 열나게 패는' 혹은 '돈봉투만 밝히는' 선생님만 있다고 생각했던 내가 부끄러워졌다. 가만, 내가 무슨 말을 하는 거지. 그렇지, 우리 준서는 어디서 배워왔는지 '예절이란 규칙을 지키는 것'이라고 정의 내리면서 나는 물론 백과사전의 '예절' 개념을 가볍게 안드로메다로 보내버렸다. 인터넷 두산백과에는 예절이 '인간관계에 있어서 사회적 지위에 따라 행동을 규제하는 규칙과 관습의 체계'라고 설명되어 있다. 이해가 되는가?

백과사전보다 열 살 준서의 정의가 더 깔끔하다. 예절은 규칙을 지키는 것이다. 그렇다면 "예절, 그 수많은 규칙들 중에 가장 중요한 것이 무엇일까?"라고 준서에게 다시 한 번 물어봤다. '그것도 모르냐'는 표정의 준서, 망설임 없이 대답한다.

"인사 잘하는 거예요!"

하아, 내 아들 맞아? 너무 똑똑하다. 흐뭇하다. 예절을 규칙으로, 규칙을 인사로 풀어내는 논리의 흐름이 마음에 든다. 아빠미소를 짓고 있는 나를 본 준서, 이때를 놓칠세라 한마디 한다.

"아빠, 목욕 끝나고 치토스 사 주세요."

뭐, 늘 끝은 이런 식이다. 그래도 오늘은 기분이 좋다. 옛다, 치토스!

아이의 인사는 박카스다

예절(매너)이 사람을 만든다.
- 위컴의 윌리엄(William of Wykeham)

7시, 월요일 아침이다. 세상 그 무엇보다 소중한 것 중의 하나
는 바로 나의 일터다. 하지만 쉬고 난 다음 날의 출근은 쉽지 않다.
직장생활 20여 년이 됐음에도 불구하고. 나만 그런 건 아닐 게다.
수많은 직장인들이 비슷한 증상을 호소하고 있으니 말이다. 어제는
아이들과의 공놀이(주로 캐치볼을 한다. 스트라이크!), 그리고 모든 중년
남성이 아내에게 밉보이지 않으려고 한다는 '마트에서 아내 따라
다니기'를 열심히 해서 그런지 더욱 몸이 피곤하다. 아이들은 꿈나
라다. 나보다 두 시간은 일찍 자서 두 시간은 더 자는 놈들. 부럽기
도 하고 또 기분 좋기도 하다. 많이 자둬야 키도 큰다고 하니 잠을
깨우는 데 주저하게 된다.

이를 닦고 세수를 한다. 스킨을 얼굴에 바르고 선크림을 바른
다. 간단하게 선식으로 아침을 때웠다. 바지를 입고 양말을 신는다.

와이셔츠를 입고 살짝 서늘한 기운에 얇은 스웨터도 걸친다. 출퇴근하면서 읽을 지나간 신문이나 잡지를 가방에 넣고 출근 준비를 한다. 아, 머리를 손질해야지. 왁스를 덜어내 삐죽 선 돼지털 같은 머리칼을 가라앉힌다. 신발을 꺼내고 현관문을 나선다. 인기척이 들리더니 이어지는 한마디.

"안녕히 다녀오세요."

첫째인 준환이다. 내가 출근 준비를 하는 동안 어느새 일어나 문 밖 신문을 들여다 놓고는 열심히 읽더니(야구를 좋아하는 준환이가 읽는 부분은 늘 프로야구 관련 기사다) 아빠가 현관문 여는 인기척에 얼굴을 내밀고 인사를 한다. 부스스한 머리, 하지만 하룻밤 잤다고 얼굴에는 생기가 가득하다. 난 이 순간이 좋다. 내 아이가 아빠가 나간다고 인사를 하는 것, 나는 이게 무지하게 좋다. 너무 소박한가. 아니다. 나는 아이의 이 한마디 인사만으로도 오늘 하루를 살아갈 힘을 얻는다.

아빠들, 회사에 가면서 지하철 간이 커피가게에 들러 냉수 마시듯 차가운 아이스 아메리카노를 사 마신다. 오후가 되면 담배를 두 개비씩 연거푸 피워대며 졸음을 쫓는다. 밤에는 삼겹살에 소주를 마신다. 집에 오는 길에는 숙취를 해소하겠다고 헛개 음료를 '원샷'한다. 피로와의 전쟁이다. 나는 오후 3시나 4시쯤에 박카스를 하나 마신다. 박카스. 아버지와의 추억이 있다. 아주 어렸을 때 아버지는 박카스를 뚜껑에 조금 따라서 주시곤 했다. 어찌나 맛있던지. '세상 사는 게 피로하지 않은 사람은 없습니다'라는 광고문구도 마음에 든다.

세상살이가 어디 만만하랴. 과거 약국에서만 팔던 박카스, 이 젠 편의점에서도 사 마실 수 있다. 그만큼 세상에 피로가 가득하다 는 증거다. 박카스 한 병을 마신다고 정말 피로가 해소될까? 글쎄, 그저 그렇다. 그냥 습관적으로 마실 뿐.

아침의 아메리카노, 오후의 박카스, 밤의 헛개 음료보다 강력 한 피로해소제가 있다. 피로예방 효과까지 탁월하다. 바로 '아이의 인사'다. 아빠가 들고날 때 쫓아 나와서 하는 아이의 인사, 이것보 다 더한 피로해소제는 세상에 없다.

세상의 규칙은 가정의 규칙에서부터 시작되어야 한다. 가정의 규칙은 인사다. 가정에서 인사 잘하는 것을 배워서 세상에 나갈 수 있도록 하는 건 부모의 의무다. 가정에서의 인사가 가장인 아빠에 게 힘을 실어주듯 사회에서의 인사는 사회 전체에 원동력이 되기 때문이다. '인사' 없이는 '예'도 없다. 학교에서 선생님을 보고 열심 히 인사하지 않는 아이에게 예란 없다. 예는 인사에서 시작되어 인 사에서 끝난다.

인사도 '잘'해야 한다

놀 때조차 예의를 지켜야 한다.
- 외국 속담

예, 예의, 예절 등의 단어를 보면 무슨 생각이 드는가? 혹시 우리의 전통예절을 떠올렸을지도 모르겠다. 그럼 전통예절 하면 무엇이 연상되는가? 한복 입고, 차 마시고(다도), 절하는 법을 생각했는가? 동방예의지국. 정말 자랑스러운 말이다. 영원히 계승해야 할 우리의 과제다. 하지만 과연 그 이름에 어울리는 예절교육이 이루어지고 있는지는 의문이다. 집에서, 학교에서, 사회에서 말이다. 예절에 중점을 두어 인성교육을 시킨다는 어느 단체의 예절교육 프로그램을 살펴봤다.

예절의 기원 알기 / 부모와 형제, 자매에 대한 예절 / 선생님과 급우에 대한 예절 / 전통예절(한복 바로 알기, 올바른 절하기 등) / 국기에 대한 예절

물론 배우지 않는 것보다는 나을 테다. 다만 이런 프로그램이 아이들에게 어떤 영향을 줄지 의문이 드는 것도 사실이다. 지속적이지 못한 이런 일회성의 교육이 아이들에게 신기함 외에 무슨 영향을 줄지 궁금하다. 한복 입고, 절하고, 두 손으로 찻잔을 잡고 차를 마시고. '이런 예절교육을 받으면 공경심을 느끼며 예를 실천할 것'이라는 건 순진한 생각 아닐까? 일회성의 잡다한 활동을 인성교육 프로그램이라고 착각하는 건 아닌지 반성해보아야 한다.

자, 다시 예란 무엇인가로 돌아가자. 예란 바로 규칙을 지키는 것이다. 규칙 중 첫 번째는 인사 잘하기다. 이거 하나만 잘해도 인성교육에 있어 예절 덕목의 상당 부분이 해결된다. 다만 주의할 점이 있다. '인사하기'가 아니다. '인사 잘하기'임을 잊지 말자. 어느 회사에서 실제로 있었던 일이라고 한다. 수십 대 일의 경쟁률을 뚫고 들어온 인턴 자리, 대망의 정규직 자리가 코앞이다. 그런데 누군가 이렇게 말한다.

"그 인턴 애 있잖아? 왜 인사를 안 하지?"

그 인턴, 결국 입사하지 못했단다. 창의력? 프레젠테이션 능력? 능력이 아무리 뛰어나도 주위 사람들에게 인사 하나 제대로 못하는 인턴을 정규직으로 채용하고 싶은 선배는 그리 많지 않다. 물론 인사 하나만을 잘 못해서 입사하지 못한 건 아닐 테지만 그 모습들이 모이고 모여 결국 입사에 악영향을 미쳤음은 분명하다. 광고업계에서 성공한 어느 여성 기업인이 인터뷰에서 "여성이여, 제발 머리만 까딱하는 인사를 하지 말라!"는 이야기를 했었다. 직장에서의 인사는 사회의 규칙이다. 가정에서 적절한 인사교육을 받지 못하면 사회에 나와서도 언젠가는 화를 입는다.

심리치료 중 행동치료 분야에 '모델링(modeling)'이라는 기법이 있다. 모델을 관찰함으로써 적응적인 행동을 어떻게 수행하는지를 배우고 또 그러한 행동이 어떠한 긍정적 결과를 가져오는지를 학습하는 방법이다. 예를 들어 대인관계 기술이 미숙한, 즉 기본적인 인사조차 어려워하는(절대 '하지 않는 사람'이라고는 생각하지 않는다) 사회 초년생이 있다고 해보자. 이 친구에게 이미 회사에 입사하여 인간관계를 잘 맺고 특히 인사성이 밝은 사람이 타인에게 인사를 하고 웃는 모습으로 말을 건네는 모습을 관찰하게 한다. 그리고 그와 유사한 행동을 하도록 유도한다. 이것이 바로 모델링 기법이다. 만약 앞서 말한 인턴도 이런 기법을 사전에 훈련했더라면 지금은 한 회사의 든든한 신입사원으로 회사생활을 잘하고 있지 않을까 하는 생각이 든다. 아쉽다.

가정에서도 마찬가지다. 아이들이 인사 잘하게 하려면 인사성 밝은 사람을 봤을 때 한껏 칭찬해주자. 수많은 예절교육 기관에서 전통차 마시는 법을 배우고, 친구와의 기본예절에 대한 강의를 듣고, 건곤감리 하면서 태극기 예절을 배운 아이보다 어쩌면 '고개만 까딱하는 건 인사가 아니다'를 배운 아이가 진짜 예의 있는 아이가 아닐까!

인성 = 인간성 = 인사성

남을 이길 수 있는 가장 위대한 방법 중의 하나는
바로 공손함으로 그를 이기는 것이다.
- 조시 빌링스(Josh Billings)

내가 '잘나갈 때'(믿거나 말거나!) 출연했던 공중파 TV 프로그램이 있다. 바로 〈사랑의 스튜디오〉다. "그게 뭐야?" 하신다면 아직 청춘인 분들일 것이다(90년대 중반의 프로그램이다). 쉽게 말해 지금은 폐지된 SBS 〈짝〉의 스튜디오 버전이다. 멀쩡한 남녀 각각 네 명을 스튜디오에 모아놓고(총 여덟 명) 한 시간 남짓 서로를 탐색하게 한 후 '사랑의 화살표'를 날려서 커플을 만들고 끝내는 방송이다. 한때는 무지하게 인기 있었는데.

당시 PD였던, 현재는 아주대에 계시는 주철환 교수의 글을 좋아한다. 회갑 가까운 나이임에도 여전한 동안도 좋아 보이고 그 모습보다 더 젊은 글은 항상 많은 생각을 하게 한다. 그분이 '삼둥이 아빠'로 인기가 높은 송일국 씨의 성공 비결에 대해 쓴 글이 기억에 남는다. 지난 2월에 〈중앙일보〉에 실린 글인데 제목이 '난 송 씨

76

삼둥이가 인사 잘하는 이유 안다'다. 주철환 교수가 싱가포르에 사는 후배 가족이 잠시 서울에 와서 식당에 함께 갔는데 당시 〈해신〉, 〈주몽〉으로 유명세를 날리던 한류스타 송일국 씨가 앉아 있더란다. 그런데 후배가 자기 가족들에게 주철환 교수를 PD 출신이라고 소개하는 바람에, 주 교수는 아이들에게 '사진까진 못 찍더라도 사인 정도는 받아줄 수 있겠지' 하는 기대감 어린 눈빛을 받아야 했다. "식당에선 알아도 모른 척해주는 게 예절이란다"라면서 위기를 모면하려는데, 갑자기 송일국 씨가 먼저 다가와 정중히 인사를 하고 안부까지 물었다는 것이다.

주철환 교수는 송일국 씨의 '아는 척' 그리고 '공손한 인사', 딱 두 가지 이유로 이후 '송일국 홍보맨'이 되었다고 한다. 짧은 인사 하나로 송일국 씨는 주철환이라는 방송계의 고참 PD를 사로잡아버렸다. 비단 주철환 교수에게만 그랬을까? 수많은 다른 사람에게도 그랬을 것이다. 생각하건대 송일국 씨가 어려울 때 위로해주고 잘될 때 응원하는 인맥은 대단할 것이다.

이 예화를 주철환 교수는 '인성이란 결국 인간성이고 인사성 아닐까?'로 마무리한다. 인성=인간성=인사성, 적절한 등식이다. 나역시 예절은 규칙이며, 규칙 중 첫 번째는 바로 인사라고 앞에서 말했다. '인성=인사'라고 못 박는 주철환 교수의 의견에 나는 시쳇말로 '백퍼' 동의한다.

인사를 '잘' 받아야 진짜 아빠다

누군가 사랑받고 있음을 확신할 때,
그는 얼마나 용감해지는가!
-프로이트

아이들이 나에게 인사하는 모습을 보는 게 이 세상에서 맛보는 최고의 기쁨 중 하나라고 앞에서 말했다. 내가 출근하는 인기척에 눈을 부비며 일어나 잠이 덜 깬 얼굴로 인사하는 첫째 준환이를 보면 힘이 난다고 말했다. 피곤에 지쳐 귀가할 때 현관문까지 쫓아나와서 반갑다고 인사하는—정말 강아지같이 매달린다—둘째 준서를 보면 행복감에 어쩔 줄을 모를 정도다. 그렇다. 아이들의 인사는 나에게 없어서는 안 될 크고 강력한 삶의 원동력이다. 그런데 갑자기 이런 생각이 들었다.

'나는 아이들의 인사를 잘 받아주고 있었던가?'

아이가 예절을 지키는 모습, 즉 인사를 잘하는 모습에 기뻐하고 행복해하는 나, 과연 아이의 인사를 받는 나의 모습은 어떠했는가. 바쁜 출근길이라고 아이의 아침 인사에 대충 '응', 혹은 '그래'라고 대꾸하며 나오지는 않았던가. 퇴근할 때 반갑다고 달려드는 아이의 인사를 무시하고 현관에 들어서면서도 켜놓은 스마트폰의 프로야구 중계에 정신이 팔리지 않았던가. 술 한잔하고 피곤에 지쳐 늦게 귀가할 때 혹시 잠 이루지 못하던 아이들이 뛰쳐나오면 '내가 너희들을 위해서—정작은 나 자신의 성취를 위해서 일하고 있으면서— 이렇게 고생하는 거야'라고 엉뚱한 생색을 내지는 않았던가. 밝은 모습으로 아빠를 반겨주던 아이들에게 인상 쓰면서 신세한탄을 하지는 않았던가.

나는 스스로에게 최면을 걸고 있었다. '나는 그냥 열심히 돈만 벌어오면 돼'라고. 착각도 이런 착각이 없다. 진짜 아빠, 진짜 가장의 역할은 회사에 나가 일하거나 가게에 나가서 돈 벌어오는 게 아니라 나와 가장 가까운 곳, 즉 가정에서 인사 받는 것에서부터 시작되어야 함을 나는 몰랐었다. 그런 나를 보고 아이들은 무슨 생각을 했을까……. 아니 어쩌면 아이들은 이미 나를 닮아가고 있었을지도 모르겠다. 세상에서 가장 사랑하는 사람들과도 소통의 문을 닫는 나의 커뮤니케이션을 말이다. 식은땀이 흐른다. 1분 1초가 아까운 출근시간이지만 아이의 선한 얼굴을 보면서 다시 뒤돌아서는 용기를 내야 한다. 그리고 말해야 한다.

"그래, 준환아. 어제 공놀이 재미있었지? 밤에 수학공부 하느라 힘들었지? 오늘도 친구들하고 재미있게 지내. 어렵고 힘든 일 있으면 말하고. 엄마가 해주시는 밥도 잘 먹고 하루 동안 쑥쑥 커야 한다. 알았지?"

그리고 볼에 뽀뽀라도 해주고 뒷모습이 아닌 앞모습을 보여주며 문을 닫아야 한다. 퇴근하고 돌아와서는 반겨주는 아이를 보면 환하게 웃으며 이렇게 말해야 한다.

"준서야, 오늘 하루 재미있었어? 제일 재미있는 일이 뭐였니? 밥은 뭐 먹었어?"

이렇게 대화를 이어나가야 '정상'이다. 알고 보니 나는 인사를 받는 기술이 부족했다. '비정상 어른'이었던 셈이다. 아이들에게 미안하다. 내 자신에게 부끄럽다. 어른들이 먼저 준비가 되어 있어야 한다. 우리의 아이들이 인사를 할 때 '온 힘을 다해' 사랑의 감정을 표현할 준비를 해야 한다. 아이에게 예절타령, 인사타령 하기 전에 우리 스스로를 먼저 돌아보자. 아이가 인사할 때 어떤 모습으로 대했는지, 즉 '아이의 예절을 받는 부모의 예절'은 과연 어떠했는지 생각해보자.

할 말 하기

{정직}

하얀 거짓말은 없다

그 어떤 유산도 정직만큼 풍요롭지 못하다.
- 윌리엄 셰익스피어(William Shakespeare)

일요일 오후, 평화로워야 할 집 분위기가 무겁다. 첫째인 준환이가 엄마 앞에서 안절부절못하고 있다. 무슨 일이지?

엄마 : 왜 늦었어?

준환 : 진규가 같이 축구하자고 해서요.

엄마 : 빨리 집에 와서 수학숙제 해야지.

준환 : 그렇게 말했는데 더 놀고 가자고 했어요.

다음 주에 아이의 수학시험이 있어서 걱정인 엄마, 하지만 아이는 친구가 축구하자고 해서 늦게까지 놀다 온 상황이다. 당신이라면 이럴 때 아이에게 무슨 말을 하겠는가. 아이 엄마의 말은 이랬다.

"그럴 땐 엄마가 불렀다고 해야지."

어른들은 아이들에게 은연중에 거짓말을 '강요'한다. 그것이 잘못이라고 생각하지도 않는다. 오히려 '아이가 공부 잘하도록 하려는 건데 그깟 거짓말이 뭐 어때서'라고 거짓말을 정당화한다. 그럴 수 있다고 생각하는 게 우리 부모들 대다수의 입장이다. 그런데 생각해볼 일이 있다. 이번에는 준환이와 그 친구의 대화 장면이다.

친구 : 왜 늦었어?

준환 : 엄마가 수학숙제 하고 가라고 해서 늦었어.

친구 : 빨리 와야지. 너 기다렸잖아.

준환 : 네가 기다린다고 했더니 숙제를 마저 하고 가라고 하셨어.

이때 친구가 준환이에게 이렇게 말한다면?

"그럴 땐 나랑 시험공부 한다고 해야지."

아이는 부모로부터 거짓말을 배운다. 아이의 말과 행동에 실망한 적이 있는가. 나는 아이가 거짓말을 할 때 그랬다. '어떻게 아빠인 나에게 거짓말을 하는 거지!' 분노가 치밀어 올랐다. 하지만 다시 한 번 생각해보자. 우리가 아이들에게 '적극적으로' 거짓말을 가르친 것은 아닐까?

"하나도 안 아픈 주사야."

"아니야, 뜨겁지 않아. 조금만 참아."

"쓰지 않아. 꿀꺽 먹어봐."

"힘들지 않아. 그건 아무것도 아니야."

우리 부모들에게도 변명거리는 있다. 그건 아이의 거짓말과는 다른 '하얀 거짓말'이라고. 그러나 하얀 거짓말도 거짓말이다.

　　직장인 윤정호 씨(34)는 다섯 살 아들에게 더 이상 "주사는 아프지 않다"고 말하지 않는다. 지난해 예방접종 주사를 맞고 온 아들이 "아빠는 거짓말쟁이"라며 토라져 일주일 동안 입을 닫았기 때문이다. 윤 씨는 아동보육 전문가에게 "아이에게는 '주사는 조금 아프지만 더 튼튼해지기 위해 참아야 하는 것'이라고 말하라"는 조언을 듣고 실행에 옮겼다. 그러자 아이가 마음을 열었다. "주사 맞을 때 곁에서 지켜줄게"라는 약속에 아들은 다시 아빠를 믿고 의지하기 시작했다.

〈동아일보〉 2015년 2월 9일

　　세상에 하얀 거짓말은 없다. 그냥 거짓말일 뿐이다. 아이 앞에서 거짓말하는 부모의 모습을 보여주지 않아야 한다. 내가 바로 아이를 거짓말쟁이로 만드는 부모는 아니었는지 성찰할 필요가 있다. 거짓말하는 부모를 보면서 자란 아이가 거짓말을 두려워할 이유가 없다. 자연스러운 것으로 여긴다. 거짓말이 몸에 배어버리고 또 한 명의 거짓말쟁이 사회 구성원을 가정에서 배출하는 셈이다.

　　어느 심리학자는 인간의 발달단계를 8단계로 구분하며 첫 번째로 '신뢰'를 꼽으면서 '아이는 세상과 신뢰를 형성하는 법을 가정에서 배우는데 그 과정에서 부모의 일관성 없는 태도는 불신의 싹을 틔운다'고 했다. 지금 우리는 아이와 얼마만큼 신뢰관계를 쌓고 있는가.

아이가 아빠에게
거짓말을 안 하는 이유

가장 잔인한 거짓말은
침묵 속에서 이루어지기도 한다.
– 로버트 루이스 스티븐슨(Robert Louis Stevenson)

아이들은 언제 거짓말을 할까? 왜 거짓말을 할까? 그것을 알면 아이들이 거짓말을 안 하게 할 수 있지 않을까? 대화를 시도했다. 초등학교 4학년, 이제는 제법 어른 티가 나는(아무래도 동생이 두 명이나 있어서인지 의젓하다) 첫째 준환이와 이야기를 나누었다.

아빠 : 준환아, 거짓말이 뭔지는 알지?

준환 : 응. 당연히 알죠.

아빠 : 준환이는 언제 거짓말을 하게 되는 거 같아?

준환 : 음, 글쎄. 갑자기 왜 그걸 물어봐요?

아빠 : 그냥 궁금해서. 언제 거짓말을 하는지.

준환 : 무서울 때요.

아빠 : 무서워? 뭐가 무서워?

준환 : 엄마한테 혼나는 게 무섭잖아요.

아빠 : 아, 그럼 엄마가 혼 안 내면 되겠네.

준환 : 아무래도 그럴 것 같아요.

힘든 일이다. 아이가 잘되라고 혼내는 엄마, 아이들은 그 혼내는 엄마가 무서워서 거짓말을 한다. 아이에게 도움이 되는 말을 무섭지 않게 하는 방법은 없을까 고민하게 된다. 어쨌든 부모가 무서워서 거짓말을 하게 된다고 하니, 일단 '꽃으로도 아이를 때리지 말아야겠다'고 다짐을 한다(참고로 엄마, 아빠가 아이에게 신체적 혹은 정신적으로 '고통'을 주는 행위는 2015년 9월 28일자로 개정 및 시행된 아동복지법에 의해 금지되었다. '훈육'이라는 이름으로 행해지는 체벌, 즉 폭력이나 폭언이 부모가 해서는 안 되는 행위라고 명시되었다. '아이가 부모를 고소하는 시대가 된 건가'라고 개탄하기보다 '가정 내 폭력도 엄연히 아동학대에 해당한다'는 당연한 사실을 되새기는 기회로 삼자).

갑자기 궁금한 것이 생겼다. 생각해보니 준환이가 나에게는 특별히 거짓말한 적이 없다. 이상하네……. 대화를 이어나갔다.

아빠 : 준환아, 그런데 아빠는 네가 거짓말하는 것을 본 적이 없어.

준환 : 응, 그렇죠.

아빠 : 아빠한테는 거짓말을 왜 안 해?

준환 : 아빠한테는 거짓말을 할 필요가 없잖아요.

아빠 : 왜?

준환 : 회사에서 늦게 들어오시니까.

슬프다. 엄마가 '내 아이만 잘되면 된다'고 생각할 경우 늘 아이와 부딪히게 마련이다. 서로의 생활을 잘 알고, 그러다 보니 이야기도 많이 하고, 그 과정에서 얼핏 거짓말도 하는 인간적인(?) 과정을 거친다. 하지만 아빠라는 사람은 아이들이 아직 잠들어 있는 아침에 일찍 나가서 이미 잠들어버린 밤에 돌아온다. 일하는 기계, 혹은 돈 버는 기계로 전락하여 아이들과 대화할 시간조차 마땅치 않다. 대화가 없으니 아이들이 거짓말할 기회조차 없는 게 당연하지 않은가. 아이가 나에게 거짓말을 '안 하는' 게 아니라 '못하고' 있다는 이 안타까운 사실! 아이의 거짓말을 들을 수 있는 아빠가 되도록 노력해야겠다는 어처구니없는 생각에 이른다. 결론이 너무 허무하다.

정직이 자유를 만든다

정직이 없다면 우리의 존엄성을 어디에서 찾을 것인가?
- 키케로(Marcus Tullius Cicero)

고등학교 2학년 때의 일이다. 쉬는 시간에 손을 씻고 교실에 들어왔다. 손수건이 없어서 물기 묻은 손을 미처 닦지 못했다. 교실에 들어오면서 깨끗이 닦여진 칠판을 보니 거기에 손을 대면 내 손의 물기가 칠판에 잘 흡수될 것 같았다. 물기 묻은 양손바닥을 칠판에 꽉 찍고 자리에 왔다. '칠판의 물기야 금방 마르겠지' 생각하며.

잠시 후 선생님이 들어오셨다. 얼굴이 하얗고 깔끔한 안경이 잘 어울리는, 생물을 가르치는 멋쟁이 선생님이셨다. 차분한 설명과 과하지 않은 수업방식이 마음에 들어서 개인적으로도 좋아하는 분이었다. 문득 교실이 조용해졌다. 심상치 않은 분위기가 느껴졌다.

"칠판에 손바닥 자국 낸 사람 나오세요."

선생님의 얼굴은 굳어 있었다. 막대기로 칠판의 한 부분을 가리키시는데 거기엔 아직 채 마르지 않은 나의 손자국이 선명하게 남아 있었다.

'어떡하지⋯⋯.' 잠시 망설였다. 선생님의 목소리가 좀 더 높아졌다. 교실의 무거운 침묵은 '범인은 빨리 나와라. 수업 분위기 망치지 말고'라고 종용하는 듯했다. 식은땀이 흘렀다. 나갈까, 말까. 그 짧은 순간, 선생님이 말하셨다.

"모두 눈 감으세요."

그러고는 말을 이으셨다.

"지금부터 셋을 셀 동안 칠판에 손자국을 낸 학생은 조용히 손을 드세요."

그리고 하나, 둘, 셋. 얼마의 시간이 흘렀을까. 교실의 침묵은 깊어만 갔다. 누군가의 한숨소리가 들렸다. 화창한 바깥 날씨에 새들이 지저귀는 소리가 평화로웠다. 하지만 나의 머리는 새하얬다. '손을 들까 말까, 누가 보지 않을까, 그래, 손을 들어야⋯⋯'라고 망설일 때 혀를 차는 소리가 들리는가 싶더니 선생님이 말씀하셨다.

"모두 눈을 떠보세요. 실망입니다. 그래요, 하지만 오늘 자국을 남긴 사람은 이 장면을 평생 후회하고 부끄러워할 겁니다. 수업 시작합시다."

그렇다. 나는 손을 들지 못했다. 어찌 보면 아무 일도 아니었는데 삶을 살아오며 가장 부끄러웠던 거짓말 중의 하나다. 물론 그것보다 더한 거짓말도 하고 살아온 사람이 나임을 인정한다. 하지만 그때만큼 마음이 아팠던 적이 없었다.

그 이후 나는 수업시간에 그 선생님을 바로 보지 못했다. 과학 과목, 즉 물리, 화학, 지구과학, 생물 중에서 가장 좋아했던 과목이 바로 생물이었는데……. 나는 그 선생님의 수업시간만 되면 교실이 아니라 감옥에 갇혀버린 것만 같았다.

정직은 왜 중요한 걸까? 정직은 누군가의 이익을 위해서 필요한 것이 아니다. 바로 자기 자신을 위해 중요하다. 정직이란 스스로를 떳떳하게 해주고 마음속에서 자유를 느끼게 하는 기본적인 인성이다. 자기 마음속의 자유가 없는 사람이 자신감인들 있을 수 있겠는가. 자신감이 있어야 나의 말과 행동에 힘이 실린다. 자신감에 정직은 필수다.

정직한 아이로 키우기 위해 필요한 것

당신을 위해(for you) 거짓말을 하는 사람은
당신에 대해서도(against you) 거짓말을 한다.
- 외국 속담

정의에 대한 유명한 말이 있다. "지체된 정의는 정의가 아니다. 정의를 부정하는 것이다(Justice delayed is justice denied)." 지금 당장 정의를 실천해야 의미가 있다는 뜻이다.

정직 역시 마찬가지다. 내 아이를 정직하게 만들고 싶다면 아이들에게 '정직은 타이밍의 예술'이라는 것을 알려줘야 한다. 고등학교 생물시간 때의 부끄러운 기억을 고백한 바 있다. 선생님이 나오라고 하셨을 때, 손을 들라고 하셨을 때, 바로 잘못을 인정하고 말씀드렸다면 어땠을까? 지금까지도 부끄러움을 느낄 일은 없었을 것이다. 생각만 해도 얼굴 붉어지는 기억은 존재하지 않았을 거다. 나의 잘못을 말하는 데 그치지 않고, 실망하셨을 선생님에게 "선생님. 저의 행동에 실망감을 느끼셨을 거라 생각합니다. 얼마나 화가 나시겠습니까. 아무렇지도 않게 생각한 저의 잘못입니다"라고 말했다면 오히려 나는 그 이후 내가 정직한 사람임을 느끼고 모든 일에 당당할 수 있었을 것이다.

정직은 그 순간을 놓치면 복구하기 힘든 가치다. 나는 그것을 놓쳤다. 그리고 그 수업시간에 마음속의 자유를 빼앗겼으며 자신감을 잃었고 성적도 점점 떨어졌었다. 거짓은 자신감을 빼앗는다. 진정한 자유를 박탈해버린다. 그러니 우리는 아이들에게 정직의 타이밍을 가르쳐야 한다. 솔직해야 할 뿐만 아니라 정직이란 시간 싸움, 즉 빠르게 자신의 책임을 인정하고 용서를 구하는 일이라는 점을 알려줘야 한다.

부모가 아이에게 정직을 가르치기 위한 방법에는 어떤 것이 있을까? 다시 나의 경험으로 가보자. 나는 그때 짧은 순간에 정직을 선택하지 못했다. 물론 100퍼센트 나의 잘못이다. 하지만 정직이 타이밍이라는 점을 생각하면 선생님께 두 가지 아쉬운 마음이 들기도 함을 고백한다.

첫째, '좀 더 시간을 주셨다면 좋았을 텐데……'라는 생각이 든다. 선생님이 나오라고 하신, 손들라고 하신 그 시간은 지금 생각해보면 몇 초 되지 않았다. 우리가 아이의 잘못된 행동을 나무라기 전에 아이 스스로 자신의 잘못을 말하게 하려면 시간적 여유를 줘야 한다. "이거 누가 그랬어!" 이렇게 윽박지르고 나선 몇 초를 못 넘기고 "왜 말 안 해. 누구야!"라고 외치는 부모를 둔 아이는 정직하게 말하는 습관을 가질 기회를 놓친 셈이다. 아이들에게 조금만 더 시간을 주는, 기다리는 부모가 되자.

둘째, '몽둥이를 손에서 내려놓으셨다면 어땠을까……' 하는 점이 아쉽다. 물론 그분은 아이들을 체벌하는 분이 아니시다. 하지만 그 몽둥이(정확히는 지시봉) 때문에 발걸음이 떼어지지 않은 것도 사실이다. 우리 아이들이 정직이라는 가치를 중요시 여기려면 충분히 생각하고 또 자기 생각을 말할 수 있는 환경을 만들어줘야 한다. 인상을 쓰고, 몽둥이를 들고 있는 상황에서 아이들은 거짓말을 끝까지 유지하려고 한다.

쓰고 보니 변명이다. 모두 내 잘못이며 후회스러운 장면이다. 누군가에게 들켜서 반성하기 전에 정직하게 말하는 사람이었어야 했다. 타인을 배려하는 사람이었다면 아마 애초부터 물기 묻은 손으로 칠판을 치는 행동을 하지 않았을 거다. 늦었지만 나의 반성을 듣지 못하신 선생님께 사과의 말씀을 정중하게 올린다.

"선생님, 마음 많이 상하셨죠? 그때 정말 죄송했습니다."

정직을 택하는 용기를 가르쳐라

모든 사람은 인생으로부터 질문을 받는다.
자신의 삶에 책임 있는 사람만이 인생에 대답할 수 있다.
– 빅터 프랭클(Viktor Frank)

《사자소학(四字小學)》에 '인무엄사 불능성학(人無嚴師 不能成學)'
이라는 구절이 있다. 엄한 스승이 없으면, 학업을 이룰 수 없다는 말
이다. 엄한 스승이라……. 과연 요즘 시대에 엄한 스승이 가능할까?

칭찬 과잉의 시대, 공교육에 대한 부모의 간섭이 심해진 시대
에 우리의 선생님들은 엄해지기가 힘들다. 선생님들은 정말 억울
할 것 같다. 엄한 스승이 되기 힘들어진 이유는 극히 일부의 '미친
스승' 때문이다. CCTV에 녹화되어 공분을 일으킨 어린이집 폭행사
건의 교사를 마치 모든 선생님들의 모습이라고 생각하는 경박함은
선생님들의 입지를 축소시키고 있다. 내가 아는 다수의 선생님들은
자신의 역할이 얼마나 중요한지 잘 알고 계셨다.

엄한 스승이 없으면 학업을 이룰 수 없는 것처럼 엄한 부모가
없으면 좋은 인성을 기대하기 힘들다. 즉, '인무엄부 불능인성(人無

嚴父 不能人性)'이다. 엄한 부모의 역할 중 하나가 아이의 거짓말을 분명히 짚고 넘어가는 것이다. 다만 윽박지르듯 거짓말을 찾아내어 혼내라는 말이 아니다. 시간과 환경이 필요하다고 앞에서 말했다. 즉, 아이들이 말할 수 있도록 충분히 시간적 여유를 줘야 하고, 편하게 말할 수 있는 환경을 제공해야 한다. 아이가 자신의 거짓말에 대해 갈등할 때 자신의 잘못을 시간을 두고 생각하고 말할 수 있도록 해주는 부모야말로 제대로 된 부모다. 아이가 정직해지도록 만드는, 그래서 결국 자유로워질 수 있는 지름길을 알려주는 멋진 부모다.

아이의 거짓말을 늘 이해하라는 의미가 아니다. 거짓말에 대해서는 분명하게 혼을 내줘야 한다. 문제는 혼을 내는, 아니 아이의 거짓말에 대응하는 부모의 커뮤니케이션 방법론에 있다. 몇 가지만 기억해두었으면 한다. 우선 아이의 거짓말로 인해 부모인 우리 마음이 얼마나 아픈지를 말해주자.

"네가 거짓말을 해서 아빠는 마음이 무척 아프다."

이 정도면 된다. 그다음에는 앞으로 어떻게 해야 할지를 말해준다. 거짓말을 하고 싶은 상황일지라도 오히려 빠르게 자신의 잘못을 인정하는 것이 낫다는 것을 알려줘야 한다.

"아빠는 거짓말을 숨기는 너보다는 거짓말을 당당하게 인정하고 잘못했음을 말하는 네가 더 자랑스러워!"

마지막으로 아이들이 정직해야 하는 이유를 말해주자.

"아빠는 네가 당당한 사람이 되길 원한단다. 할 말 하는 아이가 됐으면 해. 그래야 자신감을 갖고 세상을 멋지게 살 수 있어."

어떤가. 아이가 이런 말을 한 번에 이해하면, 그래서 정직을 선택했으면 좋겠다. 하지만 어쩌면 아이는 그래도 정직의 가치를 그리 수긍하지 않을지도 모른다. 부모가 먼저 아이에게 솔직한 모습을 많이 보여줬으면 한다.

"준환아, 오늘 야구를 끝까지 관람 못하고 온 건 사실 회사 일 때문이 아니라 아빠가 몸이 안 좋아서였어. 지금 생각해보니 너에게 거짓말을 한 게 되어버렸네. 다 내가 잘못했어."

"준서야, 아빠가 이번 주는 몸이 너무 안 좋네. 일요일에 자전거 같이 타러 가기러 약속했는데 어쩌면 못 갈지도 모르겠어. 미안해서 어쩌지……."

이렇게 자기 마음을 드러내면 아이들도 자기 문제, 자기 마음을 연다. 비밀을 공유한 사람들이 더욱 돈독해지듯이 나의 힘든 점과 삶을 알고 있는 누군가에게는 미운 감정이 들 수가 없다. 이것이 바로 건강한 네트워크의 파워다. 그 중심에 바로 정직이 있다. 정직하게 말할 때 우리는 자유도 찾을 수 있다.

자유, 우리 모두에게 소중한 가치다. 인간은 어떤 조건에 처하든 자신의 태도를 결정할 수 있는 자유가 있다. 빅터 프랭클이라는 실존주의 심리학자는 이를 '자유의지(freedom of will)'라고 했다. 아이들에게 자신이 인생의 주인공임을 느끼게 하고 싶다면, 먼저 정직을 가르쳐야 한다. 정직은 자유를 만든다. 또한 삶의 주체로서 우뚝 설 수 있게 해준다. 소중한 우리 아이가 정직을 선택할 수 있도록 적극적으로 도와주자.

사과하기

{책임}

실수와 실패를
인정할 수 있는 환경

위대함은 책임감이라는 대가를 치러야 한다.
- 윈스턴 처칠(Winston Churchill)

아이들 방이 시끌시끌하다. 싸움 소리가 요란하다. 감정조절에 서툰 나다. 성질이 났다. "야, 니들 다 일루 와!" 소리를 빽 질렀다. 자신의 손가락을 깨물며(버릇이다. 언제쯤 고칠까?) 오는 첫째, 형을 원망스러운 듯 바라보며 오는 둘째. 모두 발걸음이 무겁다.

"누구야. 왜 그래? 왜 싸워! 싸우지 말랬지!"

"준서가 나를 꼬집었어요"

신기하다. 우리 집 애들은 평소에는 거의 반말을 쓰는 편이다. 그런데 아빠가 화났을 때는 예외 없이 '급' 존댓말을 쓴다. 자기들 나름대로의 위험 회피수단인가 보다. 존댓말을 쓴다고 화가 풀릴 리 없다. 도끼눈을 하고 둘째를 째려본다. 당황한 눈빛의 둘째는 "형아가 먼저 놀렸어요"라고 식식거린다. 혼나지 않기 위해, 혹시 손바닥이라도 맞지 않을까 하는 걱정으로 자신들의 잘못 없음을 주장하느라 정신없다. 이럴 때 보면 아이들의 입은 작고 동그랗

게 오므라든다. '짜식들, 귀엽단 말이지.' 뽀뽀해주고 싶은 입술이다. 아, 예쁘다. 화를 내다가 뽀뽀를 해줄 순 없고.

한바탕 소동이 벌어진다. 잘잘못을 따지고 서로 양보하고 이해하고 화해하라고 가르친 다음, 다시는 이렇게 싸우지 않겠다는 다짐까지 단단히 받아둔다. 집 분위기는 우울해졌다. 궁금했다. '왜 그렇게 변명만 하는 걸까, 그냥 누구 하나라도 먼저 사과하면 나도 그냥 조용히 지나갔을 텐데'라는 생각이 들었다. 이불을 뒤집어쓰고 울고 있는 둘째 준서는 잠시 놔두고 책상에 앉아 마음을 다스리고 있는 첫째 준환이를 불렀다.

아빠 : 준환아, 친구랑 가끔 다투기도 하지?

준환 : 네.

아빠 : 네가 먼저 잘못하는 경우도 있긴 하지?

준환 : (한참을 생각하더니) 가끔은 그렇죠.

아빠 : 그때 네가 먼저 미안하다는 말을 하니?

준환 : 아뇨.

아빠 : 왜?

준환 : 하기가 그렇잖아요.

아빠 : 왜 하기가 그래? 뭘 하기가 그래?

준환 : 그냥 별로예요.

아빠 : '미안해'라고 말하면 금방 화해가 되잖아.

준환 : …….

아빠 : 오늘도 그냥 준서에게 '미안해' 했으면 혼도 안 나고 좋았을 텐데…….

준환 : 잘 모르겠어요.

아이들이 사과하기 힘든 이유는 간단하다. 사과의 방법을 잘 모르기 때문이다. '미안해'라고 한마디만 하면 될 일이 있지만 우리 아이들은 왜 그래야 하는지를 알지 못한다. 왜 이렇게 되었을까? 당당하게 사과할 수 있는 환경에서 자라지 못했기 때문이다. 실수를 용납하지 않는 부모, 실패하면 다시 일어서기 힘든 사회 시스템 등이 아이가 자신의 실수를 받아들이고 먼저 사과하지 못하게 만든 것이다.

예를 들어보자. 어느 외국 축구감독은 한국 아이들은 경기에 질까봐 시작할 때부터 겁을 내는데 그 이유를 경기장 옆에 서서 아이들의 경기를 지켜보는 '헬리콥터 부모' 때문이라고 분석했다. 혼나지 않으려고 실수하지 않는 플레이만 하다 보니 경기 역시 지루해진다는 거였다. 옆에서 두 눈 부릅뜨고 지켜보는 부모는 때로 힘이 되기도 하지만 대부분은 부담으로 작용한다. 그러면서 그는 세계적 축구선수인 호날두(Cristiano Ronaldo)나 메시(Lionel Messi)는 '창의성이 번뜩이는 실패'를 즐기는 축구를 할 수 있었기에 오늘날의 그들이 되었다고 강조한다. 호날두와 메시는 유소년 시절에 '즐기는 축구'를 했다. 상대방을 이겨야 하는 축구가 아니라, 자기 스스로 즐거워서 하는 축구 환경이 그들을 지금의 자리에 올려놓았다.

누구나 넘어질 수 있다. 하지만 넘어지는 게 실패가 아니라 넘어졌다가 다시 일어나지 않는 게 진짜 실패다. "그게 왜 내 잘못이야"가 아니라 "그건 내 잘못이야"라고 당당하게 말할 수 있는 환경을 조성해서 자신에게 책임이 있을 때는 아이가 진심으로 사과할 수 있도록 키워주자.

책임이 있을 때는
당당하게 사과하기

과거의 잘못된 행동을 사과하는 것이
미래를 위한 가장 올바른 행동이다.
- 트라이언 에드워즈(Tryon Edwards)

스스로 잘못했음을 인정하고 말하는 것, 어른에게도 쉽지 않은 일이다. 배우 이병헌이 출연한 영화 중 최고의 영화라고 '내 마음대로' 생각하는 〈달콤한 인생〉의 한 장면이다. 이병헌은 폭력조직의 중간보스다. 다른 조직과의 다툼이 생겼고 상대편에서 누군가를 보냈다. 이병헌 앞에 다가선 그는 "백 대표(상대편 우두머리)의 말을 전하러 왔다"고 한다. 이병헌이 가소롭다는 듯 얼른 말하고 꺼지라고 한다. "단 한마디만 하면 된다. 미.안.하.다"라고 말하는 그를 물끄러미 바라보던 이병헌, 우습다는 듯이 이렇게 대꾸한다. "그.냥.가.라." 말을 전하러 온 사람이 조용히 물러난다. 그가 가고 난 후 이병헌은 죽기 일보 직전의 위기를 맞는다. 인생 최대의 위기가 닥친다. 이유는 단 하나, '미.안.하.다'라고 말하지 않아서.

사실 나도 누군가에게 쉽게 미안하다고 말한 적이 없다. 내 가치의 마지막 보루는 자존심이라고 생각하면서 변명을 하든가 오히려 상대방을 깎아내리기까지 했다. 진심으로, 아니 말뿐인 사과조차 하기가 싫었다. 이렇듯 사과를 하기 힘든 이유는 이미 세상 밖으로 나간 나의 말을 거둬들이는 게 부끄럽고 창피한 일이기 때문일 것이다.

과거에 한 종교단체에서 '내 탓이오'라는 캠페인(?)을 한 적이 있다. 차량 뒤 유리창에 '내 탓이오'를 붙여놓은 사람을 보면 왠지 마음이 편안했던 기억이 난다. 좋은 사람일 것만 같았다. 물론 억지로 끼어들려는 차량이 알고 보니 '내 탓이오' 스티커를 부착한 차량이면 화가 열 배로 나긴 했지만. 어쨌거나 얼마나 사과가 힘들면 어른들이 저런 스티커를 붙이고 다녀야 했을까. 어른이 그러하니 아이들이 먼저 "제 잘못이에요. 아버지" 하면 오히려 그게 더 이상할 터이다. 그렇다고 그냥 놔둘 수도 없다. 잘못을 인정하길 두려워하는 아이들의 본성, 혹은 습관 등은 고쳐야 한다. 고치는 과정 자체가 자신의 책임을 인정하고 그에 대해 사과하며 상대방의 감정을 받아들이는 인성교육의 한 부분이다.

외국에서 사업을 하는 친구가 있다. 나름대로 성공했다. 부동산 임대업을 주로 하면서 작지만 한식 레스토랑까지 한다. 외국인을 직접 상대하기보다는 한국인, 특히 여행객을 대상으로 벌이는 사업이다. 그가 언젠가 한국에 돌아왔다. 짧은 방문 기간이었지만 친구들과의 만남이 있었는데 해외생활의 애환을 늘어놓던 그 친구가 이런 말을 했다.

"식당에 한국 관광객이 대부분이야. 그들이 없으면 나도 생존

할 수 없지. 고맙고 또 감사한 건 사실이야. 대부분의 한국 분들은 매너도 좋고 또 예의가 있어. 그런데 말이야. 딱 하나만 여행객들이 신경 써줬으면 하는 게 있다. 바로 '어이' 또는 '야'란 단어야. 한국 어에는 여러 의미가 있지만 그래도 '어이' 또는 '야'는 아랫사람한 테 하대하면서 쓰는 말이잖아. 또 말소리 자체가 거칠고 높기도 해. 잘 웃지 않는 우리나라 사람들 얼굴 때문에 '야'라고 높은 목소리 로 외치면 그 나라 종업원들이 깜짝 놀라. 화난 거 아니냐고. 일본 이나 미국 손님들은 뭔가가 필요할 때 '익스큐즈 미(Excuse me)'라 는 단어를 사용해. 아무것도 아니지만 종업원들은 '어이'와 '익스큐 즈 미'의 차이를 예민하게 느껴. '어이'라고 불리면 기분 나빠해. 강 압적이고 위압적인 느낌이래."

해외에서 오래 살던 다른 친구들이 한국에 와서 느끼는 당혹감 중의 하나가 바로 '무례함'이다. 자존심 강한 우리나라 사람의 특성 일까, 문제가 생기면 자신보다는 상대방에게서 원인을 찾아내려는 습관 때문일까. 지하철에서 툭툭 치고 가면서도 'Sorry'(미안합니다) 이 한마디를 하지 못해서 봉변을 당하는 경우가 얼마나 많은가.

어른들이 먼저 사과하는 법을 배워야 한다. 자신이 한 일에 대 해 책임을 지는 사과의 말을 하는 것은 용기 있는 일이다. 내가 틀 린 것이 아니다. 나에게 책임이 있기에 당당하게 말하는 게 바로 사 과다. 작은 문제가 생겼을 때에도 가볍게 "죄송합니다"라고 말하는 어른의 모습을 본 아이들이라면 사과할 줄 아는 용기 있는 사람으 로 성장할 것임에 틀림없다.

'실수해도 괜찮아'가
창의성을 키운다

장벽이 있는 것은 다 이유가 있다.
우리를 몰아내려고 장벽이 있는 게 아니다.
장벽은 우리가 무엇인가를 얼마나 절실히 원하는지
깨달을 수 있도록 기회를 제공한다.
– 랜디 포시(Randolph Frederick Pausch)

사과, 즉 책임지는 말을 할 수 있는 아이로 키워야 한다. 사과하는 힘을 길러야 실패에 대한 두려움을 없앨 수 있다. 교육의 화두인 '창의성' 역시 실패에 대한 당당함 없이는 불가능한 개념이다. 실패에 대한 두려움이 사라져야 비로소 새로운 것을 만들어낼 수 있다. 아이들의 인성이 긍정적으로 형성될 때 창의적인 사고를 할 수 있는데 창의성을 이끌어내는 인성 덕목은 책임이며, 그 책임의식은 자신이 먼저 사과할 수 있는 여유와 배려, 그리고 용기에서 나온다.

아이들이 책임의식을 갖고, 세상에 당당하며, 실패에서 교훈을 배워 결국 창의력 있는 인재가 되길 원하는가? 그렇다면 부모의 지원이 필요하다. 아이들이 정당한 노력에도 불구하고 실패하였을 때 그것을 수용해주는 부모가 되어야 한다. 부모가 먼저 아이의 실패를 감사하게 받아들이면서 격려해야 한다. 실수를 인정하는 능력은 훈련을 통해 발전시킬 수 있다. 요즘 아이들은 어릴 때부터 100점을 받아야 한다는 강박 아닌 강박에 노출되어서인지 자기가 잘못한 것을 인정하지 않고 감추려는 경향이 있다. 어려운 기준을 스스로 당위라고 생각하기에 실패에 대한 두려움이 증폭된다.

미국의 심리학자인 앨버트 엘리스(Albert Ellis)는 인지적 요인의 중요성을 강조한 '합리적 정서행동치료'를 제안한 바 있다. 이 이론에서는 비합리적 신념이 심리적 부적응과 정신장애의 원인이라고 보는데 그중에서도 '자신에 대한 당위적 요구'를 첫 번째로 꼽는다. 예를 들어 '나는 반드시 탁월하게 업무를 수행해야만 하는 사람이야', '다른 사람으로부터 칭찬을 받아야만 해', '내가 이번에 실패하면 평생 무능한 사람으로 낙인찍힐 거야' 등 현실적으로 충족되기 어려운 과도한 기대와 요구를 스스로에게 부과하는 것이다. 엄한 부모 밑의 아이일수록 이러한 경향성은 더욱 강해진다.

부모들이 아이들에게 '당위적 요구'를 지나치게 주입하고 있는 것은 아닌지 되돌아봐야 한다. "민철아, 이번엔 꼭 100점 맞아야 해", "수정아, 수학경시대회에서 무조건 은상 이상은 받아야지. 동상을 받으면 실패한 거야" 하면서 말이다. 이래서야 아이들이 자신의 실패를 겸허히 인정할 수 있겠는가. 오히려 착한 아이들에게, 모범생인 우리 아이들에게 마음의 병이나 자라나지 않으면 다행일 것이다.

'리플리 증후군'이라는 단어가 최근 언론에 오르내렸다. 하버드대학교와 스탠퍼드대학교에 동시에 합격했다고 거짓 주장한 한 여학생의 이야기다. 그 친구를 두고 리플리 증후군이다, 아니다 말들이 많았다. 리플리 증후군이란 거짓말을 반복하다가 스스로도 이를 진실이라 믿고 계속해서 거짓말을 하는 증상이란다. 어쩌면 이 친구는 환경의 희생양일지도 모른다. 주변의 기대에 어긋나지 않기 위해 최선을 다했지만 다소 부족했던 자신의 모습에 대해 정직 대신 거짓을 택하면서 일이 커졌을 것이다. 우리 아이 역시 혹시라도 이렇게 마음의 갈등 속에서 일상을 보내고 있는 건 아닐까.

아이들이 당당하게, 그리고 충분히 실패할 수 있게 하자. 잘못했을 때는 겸허히 인정하고 사과할 수 있는 아이가 되도록 말이다. 서수민이라는 이름을 알고 있는지 모르겠다. 〈개그콘서트〉의 연출자였으며, 〈1박 2일〉, 〈슈퍼맨이 돌아왔다〉, 〈유희열의 스케치북〉 등을 아우르는 팀을 이끌고 있는 스타 PD다. 그가 손을 대자 죽어가던 〈1박 2일〉이 되살아났고, 최고의 히트작인 〈슈퍼맨이 돌아왔다〉가 탄생했다. 그는 한 강연에서 자신이 맡던 〈개그콘서트〉의 성공비결을 '실패해도 괜찮아 시스템' 때문이었다고 말했다. "실패해도 안 자르겠다, 하고 싶은 걸 가져오라고 했더니 그제야 다양한 개그가 나왔다." 2014년 〈여성중앙〉 11월호 인터뷰 기사에서 질문자가 최근 서수민 PD가 했던 강연 제목 '꽃이 아닌 잡초는 없다'가 어떤 의미냐고 묻자 서수민 PD는 이렇게 대답했다.

"제가 수년간 〈개그콘서트〉 연출을 하면서 배운 건 '모두가 가능성이 있다'는 것이었어요. 〈개그콘서트〉 팀에는 120여 명의 개그맨이 있는데 그중 누가 잘될지, 어느 코너가 뜰지는 정말 아무도 모르는 일이었죠. 실제로 히트한 코너들을 돌이켜봐도 그랬고요. 그러면서 깨달은 것은 얼마나 노력하고 도전하느냐에 따라 누구나 꽃이 될 수 있다는 거였어요."

우리 아이들, 모두 꽃이 될 준비가 되어 있다. 아이들이 꽃으로 피어나는 데 있어 자양분이 되지는 못할망정 방해꾼이 되어서는 곤란하다. 기계는 실수하면 다운되고 끝이다. 하지만 사람은 실수하면서 배운다. 실수나 실패할 가능성을 봉쇄한 폐쇄적인 공간에서는 아이의 뇌가 새로운 것을 배워나갈 수 없다. 창의성을 가로막는 가장 주요한 원인 중의 하나가 무의식 속의 불안이라고 한다. 실패에 대한 불안이 가득한 아이가 무슨 창의력을 발전시키겠는가.

아이가 모처럼 뭘 적극적으로 해보다가 실수했을 때 우리 부모들이 잘해야 한다. 한 교육 전문가는 "오늘 학교에서 뭘 배웠니?"를 묻지 말고 "오늘은 무슨 실수를 했니?"라고 물어보라고까지 한다. 우리가 이런 여유를 가진 부모가 될 수 있을까? 노력해야 한다.

아이들이 넘어져도 달려가서 일으켜 세워주기 전에 스스로 일어설 수 있는지 여유를 갖고 지켜보는 인내심을 길러야 한다. 아이의 인생은 아이의 것이다. 그것을 다른 사람에게 '아웃소싱'할 수는 없다. 부모가 지나친 개입으로 아이의 모든 일을 아웃소싱해주다보면 결국 결정적인 시기에 아이들은 결정에 실패하고, 실수에 희망을 잃을지도 모른다. 아이들이 자신의 가능성을 믿고 새로운 것에 도전하고 노력하는 힘을 가질 수 있도록 도와야 한다.

책임을 가르치는 가장 좋은 방법

지식의 본질은 알면 적용하고,
모르면 모름을 인정하는 것이다.
- 공자

사과를 잘하려면 자신의 책임이 무엇인지를 분명하게 아는 능력이 우선되어야 한다. 책임 없는 사과란 불가능하다. 어떻게 책임을 가르칠 것인가. 다소 막연하다. 아이에게 무엇인가 '큰 것'을 맡겨놓고 잘하는지 못하는지 감시하고 있어야만 할 것 같다. 그런데 아니다. 아이의 책임감을 길러주는 '그 무엇'은 간단하다. 우리 곁에 있다. 바로 '집안일'이다.

한 보고에 의하면 미국 성인 중 28퍼센트가 자녀에게 집안일을 맡긴다고 한다. 우리는 어떤가. 아이가 주방에 와서 설거지 도와준다고 말하면 "쓸데없는 짓 하지 말고 공부나 해!"라고 말하지 않았던가. 페트병 가득한 분리수거 쓰레기통을 바라보며 한숨을 쉬면서도 정작 아이들에게는 그 일을 분담시키려 하지 않는 게 우리 부모들이었다.

어렸을 때부터 청소, 심부름 같은 집안일이나 심부름을 많이 한 아이가 성공한다는 연구결과도 있다. 어른을 도와 집안일을 많이 한 어린이일수록 숙달·통찰력, 책임감, 자신감 등을 갖게 돼 여러 분야에 도움이 된다는 것이다.

> 미네소타대학의 마티 로스만(Marty Rossmann) 교수가 84명의 어린이의 성장과정을 추적해 분석한 결과, 3~4세 때부터 집안일을 도운 어린이들은 가족은 물론 친구들과의 관계가 좋아질 뿐 아니라 학문적, 직업적으로도 성공한 것으로 조사됐다. 아울러 어린 나이에 집안일을 도운 어린이들은 집안일을 전혀 하지 않거나, 10대 때가 돼서야 집안일을 시작한 사람들보다 자기 만족도도 높았다.
>
> <연합뉴스> 2015년 3월 15일

집안일의 중요성을 언급한 연구는 이뿐만이 아니다. '행복'에 관한 연구로 유명한 하버드 의과대학 교수 조지 베일런트(George E. Vaillant)에 의하면 성인이 되어 성공적인 삶을 꾸린 이들의 유일한 공통점은 다름 아닌 어린 시절부터 경험한 집안일이었다고 한다.

집안일은 학교 공부와는 달리 어떤 아이에게나 짧은 시간 동안 성취감을 맛볼 수 있게 해준다. 즉, 집안일을 통해 성취감이라는 경험을 축적한 아이는 그렇지 않은 아이와 차이가 있다는 말이다. 4월 3일에 방송된 <EBS 뉴스G>의 내용도 이를 뒷받침한다. 네 살 정도의 이른 나이에 집안일을 경험하기 시작한 아이들은 10대에 집안일을 하기 시작한 아이들에 비해 자립심과 책임감이 강하며,

성공한 삶을 살 가능성이 훨씬 높다고 한다. 그러면서 뉴스는 서너 살 아이들에게 적당한 집안일로 장난감 정리하기, 쓰레기통에 쓰레기 버리기, 애완동물에게 밥 주기 등을 추천하였다.

지금 아이는 방에서 무엇을 하고 있는가? 불러내라. 그리고 집안일을 함께 하자고 해보자. 아이가 방에서 공부를 하고 있는가? 당장 불러내어 집안일에 참여시켜라. 공부 한 글자보다 책임감이 더 중요하다. 가족 공동체 생활공간에서 적절한 역할분담을 하자. 각자에게 임부를 부여하자. 아무리 작은 것이라도 일을 주고 또 그것에 대한 명확한 책임의식을 심어줄 수 있으면 된다. 간단한 집안일을 통해 아이들은 책임의 개념을 명확히 알게 될 것이고, 맡은 바 책임을 다하지 못했을 때는 변명하기보다 사과할 수 있는 자세를 갖게 될 것이다. 그리고 결국 실패를 성공의 기회로 삼는 사람으로 자랄 수 있을 것이다.

변명이 아니라 사과를 가르쳐라

아이들은 자유로워야 한다.
아이들이 경쟁적이지 않을 때, 두려워하지 않을 때,
교육은 새로운 의미로 다가오게 될 것이다.
– 존 듀이(John Dewey)

우리는 사과와 변명을 구분하기 어려워한다. 사과라고 하는데 실은 변명인 경우가 너무나도 많다. 그 차이를 알아보자.

사과(apology, 謝過) : 자기의 잘못을 인정하고 용서를 비는 것.

변명(excuse, 辨明) : 어떤 잘못이나 실수에 대하여 구실을 대며 그 까닭을 말하는 것.

늘 그렇듯이 사전적 개념은 어렵다. 구분이 잘되지 않는다. 간단하게 예를 들어 설명해보자.

사과하기 : "정말 미안해."

변명하기 : "그러니까 그게 말이야."

그렇다. 이거면 된다. '미안해'로 끝나면 된다. '미안해' 앞의 '정말'은 일종의 추임새이니 사과를 보다 진정성 있게 해준다. 한국 말은 끝까지 들어봐야 한다고 하지 않던가. 사과가 변명이 되는 순간은 사과를 한답시고 해놓고는 끝에 쓸데없는 말을 덧붙이는 경우다.

"정말 미안해. 그런데 말이지……."
"정말 미안해. 근데 있잖아……."

'그런데 말이지'와 '근데 있잖아'가 문제다. 기껏 해놓은 사과를 한 번에 망쳐놓는 쓰레기 같은 말이다. 칭찬은 20초를 넘어서는 안 된다는 말을 들은 적이 있다. 20초를 넘기면 칭찬도 지루해지고 또 어색해진다는 말이다. 그런데 그보다 중요한 것은 칭찬 뒤에 충고랍시고 엉뚱한 말을 덧붙이지 말아야 한다는 것이다.

"수학시험 90점? 와, 정말 잘했네. 다음에는 옆집 수정이처럼 100점 맞자."

칭찬인가, 아닌가? 칭찬 아니다. 칭찬을 가장한 강요다. 사과 역시 마찬가지다.

"엄마가 늦게 와서 미안해. 근데 너도 그 정도는 기다릴 수 있어야지."

사과를 한답시고 우리는 때로 아이를 질책하고 있다. 사람은 누구나 실수를 한다. 중요한 건 실수하고 난 후의 행동이다. 자신의 잘못을 인정하고 바로 상대방에게 사과하면 상대방도 너그럽게 괜찮다고 말해줄 것이다. 하다만 사과 뒤에 이것저것 변명을 늘어놓으면 용서해주려던 마음도 돌아서버릴지 모른다.

여기서 하나 더. 상대방보다 먼저 말하는 것이 사과의 기술이라는 것을 아이들에게 가르쳐주자. 먼저 미안하다고 하는 것이 지는 게 아니라는 걸 아이들이 느껴야 한다. 오해로 인한 문제든, 나의 잘못이든, 그대로 내버려두면 문제는 저절로 해결되지 않는다. 쉽지는 않다. 자존심을 버릴 수 있을 만큼 자신감이 있어야 가능한 일이기 때문이다. 자신감 없는 사람은 절대 사과하지 못한다. 아이가 먼저 사과하는 자신감을 가질 수 있도록 아빠가 도와줘야 한다.

아빠 : 왜 싸웠어?

준서 : 제가 먼저 형을 밀었어요. 형, 미안해.

아빠 : 와, 우리 준서가 먼저 사과한 거야? 멋진데!

아이가 먼저 사과하는 모습을 보이면 적극적으로 칭찬하자. 아이가 편하게 사과할 수 있도록 편안한 대화 환경을 조성해야 함은 물론이다. 자신이 잘못하지 않았다는 것을 증명하기 위해 애쓰기보다 자신의 잘못을 당당하게 인정하고, 사과로써 관계를 되돌리려는 노력을 하는 아이의 모습을 보면 적극적으로 칭찬하자. 사과가 자신에게 실질적으로든 감정적으로든 이득이라는 것을 아이들에게 알려줬으면 한다.

다만 마음에도 없는 사과를 습관적으로 하는 것은 방지해야 한다. '미안하다'고 말만 하면 끝이라는 생각에 오히려 책임에 무감각해질 수 있기 때문이다. 부모는 사과가 변명이나 책임회피가 되지 않도록 명확하게 짚어주어야 한다. 예를 들어 학교 갔다 오면 내일 준비물을 미리 챙겨놓고 논다는 규칙을 어긴 아이가 "시간이 없어서 못했어요, 죄송해요"라고 말한다면 이는 변명일 뿐이므로 단호하고 엄격하게 "이건 잘못된 행동이다"라고 말해야 한다. 또한 아이와 대화를 통해 다시 그런 일이 발생했을 때 받을 가벼운 벌칙도 만들어두면 좋다.

Part 02

인성으로 친구를 만나다

다름다움

{ 존중 }

'일단 인정'하기

타인의 신념을 존중해야 한다.
그것은 그가 가진 믿음의 전부이기 때문이다.
그의 마음은 당신이나 내가 아닌 그의 생각을 위해 창조되었다.
- 해스킨스(Henry S. Haskins)

"나는 당신이 이해가 안 돼!"

내가 입버릇처럼 하는 말이다. 누군가와 대화할 때 상대방의 생각이 나와 조금만 달라도 "이해가 안 돼!"라고 말해버린다. 타인에 대한 이해와 배려 따위는 나에게 없었다. 차이를 인정하지 않는 독불장군이 바로 나였다. 물론 상대는 "이해가 왜 안 돼?"라며 오히려 나를 보고 이상하다는 표정을 짓곤 한다. 그 이상하다는 표정을 보며 나는 또 나름대로 "내가 이해가 안 된다는데 뭐가 이상하다는 거지?"라고 항변했다. 그들은 결국 이렇게 말하고 떠나갔다.

"이해를 못하는 네가 더 이상하다."

부끄럽다. 왜 나는 '이해가 안 된다'는 말로 상대와의 소통을 거부했을까. 사실 지금껏 한 부서의 리더, 한 가정의 가장 자리에서 "이해가 안 돼!"라고 말하는 것은 특별히 문제가 되지 않았다. 내가 아이의 아빠이기 때문에, 아내의 남편이기 때문에, 팀원의 팀장이기 때문에, 즉 소위 말하는 '갑(甲)'의 위치에 있었기에 함부로 말하는 나를 보면서도 상대방은 아무런 말을 하지 못했다. '나는 당신이 이해가 안 돼'라는 말은 소위 '갑의 언어'다. 나는 내가 옳다고 생각하니 무조건 나를 따라오라는 말, 상대방이 대꾸하지 못하게 만드는 말이었다. 한때는 내가 영원히 '갑'일 줄 알았다. 약자이면서 자신이 약자인 줄도 모르는, 오히려 같은 약자를 괴롭히는 바보 같은 '을'에 지나지 않았으면서. 아니다. 어쩌면 내가 약자인 '을'임을 알고 있었기에 다른 약자 위에 더 군림하려 했는지도 모르겠다. 나의 약함을 감추기 위해서.

하지만 세상에는 나보다 더 훌륭하고 괜찮은, 그리고 나보다 '갑'의 위치에 있는 사람들이 압도적으로 많았다. 누군가의 지시를 받아야 하는, 하라는 대로 해야 하는 입장에 서게 되면서, 그리고 '이해가 안 되는 사람'이 바로 나임을 알게 되면서 그동안 했던 나의 말버릇이 잘못임을 알았다.

'이해가 안 돼'는 상대방의 생각과 말에 대한 냉혹한 거절의 말이다. 그 누가 되었건 상대방의 생각과 말은 일단 수용하고 이해해야 한다. 무조건 이해가 안 된다며 부정해서는 곤란하다. 상대방을 이해하지 못하겠다는 말은 내 마음속에 사랑이 부족할 때 나온다. 나는 나의 말만 할 줄 알았을 뿐, 상대방의 말을 '일단 인정'하는 커뮤니케이션 습관이 부족했다. 늦었지만 이제야 '이해가 안 된다는 말을 함부로 하지 말아야지'라고 다짐한다.

어른인 나는 이제부터 열심히 개선하려는 노력을 하면 된다.

하지만 그동안 나의 말과 행동을 우리 아이들이 그냥 보고만 있었을까? 어느 한가한 일요일 오후에 나는 첫째 준환이에게 "아빠는 진짜 이해가 안 돼!"라는 말을 듣고야 말았다.

나와 다른 사람에 대한 배타적 거부, 즉 다름을 틀림으로 생각하는 나의 몰지각이 아이에게 전염되어버렸다. 내가 늘 사용하던 잘못된 말버릇을 아이로부터 들으니 더욱 마음이 아팠다. '내가 지금까지 이렇게 아픈 말을 함부로 상대방에게 해왔구나' 하는 생각에 정신이 번쩍 들었다. '부전자전'의 잘못된 사례다.

타인의 입장을 얼마나 잘 이해할 수 있는지 여부가 성공적인 사회생활을 가능하는 척도라고 한다. 그런데도 타인이 이해되지 않는다는 말로 내 주위에 성을 쌓아두었던 나, 아이에게 나쁜 말 습관을 보여주었던 나를 후회하고 또 후회한다.

다름과 틀림은 다르다

바닷새가 노나라 서울 밖에 날아와 앉았다. 노나라 왕이 이 새를 종묘 안으로 데려와 술을 권하고, 음악을 연주해주고, 소와 양, 그리고 돼지를 잡아 대접했다. 새는 어리둥절하고 슬퍼하기만 했다. 결국 고기 한 점 먹지 않고, 술 한 잔 마시지 않은 채, 사흘 만에 죽어버리고 말았다.

《장자》의 한 구절이다. 이에 대한 한 철학자의 해석이 기억에 남는다. 노나라 왕은 바닷새를 극진히 대접했다. 하지만 결국 그 사랑은 비극으로 끝났다. 이 이야기에서 무엇을 느끼는가. 자연보호? 생태계 보존? 아니다. 핵심은 나와 다른 사람의 차이를 인정하는 태도의 중요성이다. "내 생각이 옳으니 너는 나의 방식대로 살아야해!"라는 말, 또 그에 덧붙이는 "이게 모두 너를 위해서 그러는 거야"라는 말은 타인의 다름을 틀림으로 이해하는 폭력일 뿐이다.

원하지 않는 것을 강요하는 어리석음을 우리 아이들에게 저지르지 말아야 한다. 타인이 원하는 것이 나와 다르다면 그것을 존중해야 하고, 그것이 다름을 이해하는 기본이라는 것을 아이들이 알아야 한다. 쉽지 않은 일이다. '다르면 틀리다'고 생각하는 게 사람의 본성이니까.

나부터도 그러하다. 나와 다르면 나와 같게 만들어야 직성이 풀린다. 우리 아이들도 마찬가지 생각을 할 때가 많다. '나는 영화를 보고 싶었는데 아빠는 야구를 보자고 해서 결국 야구장에 갔다. 아빠는 틀렸다', 혹은 '친구와 놀려고 외출 준비 중이었는데 아빠가 할머니 산소에 가야 한다고 해서 어쩔 수 없이 따라갔다. 아빠가 틀렸다고 생각했다' 등으로 다름과 틀림을 헷갈리는 경우가 많다. 다름이 틀림으로 해석되면 결국 나와 같아야 내 편, 나와 다르면 다른 편이라고 선을 그어버리게 된다.

집에서 그리고 학교에서 경쟁에 익숙해지면서 생긴 현상이 아닐까 한다. 사실 경쟁의 이익은 크다. 다만 경쟁의 전제인 '나와 다른 사람이 나와 다른 것은 당연하다'는 사실을 잊으면 상대방을 신뢰의 대상이 아닌 파괴의 대상으로밖에 볼 수 없다. 우리는 경쟁에서 이기면 '나와 다른 사람(경쟁에서 진 사람)'을 마음대로 해도 된다는 수직적 사고체계 속에서 커왔다. 공부 잘하는 사람이 반장을 하고, 좋은 대학을 가고, 안정된 직장을 얻고, 멋진 신랑 신붓감을 얻고……. 이런 세상 속에서 나와 다른 사람은 이해의 대상이기보다 이겨야 할 대상이 되었다. 어른이 되어서도 우리는 여전히 다름에 대한 이해가 낮고, 타인에 대한 이해부족 현상은 날로 심각해져가고 있다. 나와 다른 사람을 이해하지 못하고, 또 이해하려는 노력조차 귀찮아하고.

좋다. 우리들이야 어쩔 수 없다고 하자. 아이들은 어떻게 할 것인가? 경쟁에서 승리한 사람이 경쟁에서 낙오한 사람을 마음대로 부리는 세상에서 우리 아이들을 살게 하고 싶은가? 아이들이 다름을 제대로 이해하고 인정하며 타인을 존중하는 사회인으로 성장할 수 있도록 도와주어야 한다. 언젠가 집 주변에서 둘째 준서와 산책을 하는데 맞은편에서 흑인 여성 두 명이 걸어왔다. 신기한 듯 쳐다보던 준서가 말했다.

"와, 저 사람은 나와 얼굴색이 틀리네."

평소 같으면 나는 이렇게 답했을 거다. "와, 정말 새까맣다. 그치?" 하지만 우리 아이의 인성을 위해 어른이 그렇게 말해서야 쓰겠는가. "준서야, 저 사람은 너와 얼굴색이 틀린 게 아니라 다른 거란다"라고 말해줬다. 잠시 생각하던 준서는 "다르니까 틀린 거잖아요"라고 대꾸한다. 이럴 때 부모라면 아이의 눈높이에 맞추어 설명할 수 있어야 한다. 뭐라고 말할 것인가.

"세상이 온통 장미꽃이라면 잠시 동안은 아름답게 느껴질지도 몰라. 하지만 조금만 지나면 그 다름없는 풍경에 질리고 말 거야. 생각만 해도 너무 심심하고 재미없잖아. 장미꽃은 다른 꽃과 나무 사이에 알맞게 피어 있을 때 더 아름답단다."

모범답안 아닌가. 내가 이렇게 대답했냐고. 글쎄, 이렇게 완벽하게 말한 것 같지는 않다. 아이의 인성을 성장시키는 대화법이 쉬울 리가 없다.

하지만 가정에서나 학교에서나 이렇게 나와 다른 사람들을 이해할 수 있도록 하는 작업은 필요하다. 예를 들어 나와 다른 성별이나 왼손잡이용 물건을 만들어보는 건 어떤가. 역할극을 통해 다른 가족 구성원이 되어보는 것도 괜찮다. 학교라면 '인터뷰 놀이'도 좋다. 평소에 함께 생활하지만 실상 그 내면까지는 몰랐던 친구들을 하나의 주제로 인터뷰하고 그것을 기록하여 발표하는 활동 말이다. 친구의 새로운 면, 모르는 면을 알게 되는 것은 물론 그 과정에서 자신과는 다른 타인의 생각 또한 중요하다는 것을 알고 존중하며 다름에 대한 이해를 심화시킬 수 있을 것이다.

존중받기보다 먼저 존중하기

자신에 대한 존중이 우리의 도덕성을 이끌고,
타인에 대한 존중이 우리의 매너를 다스린다.
- 로렌스 스턴(Laurence Sterne)

4학년이 되더니 부쩍 성장한 첫째 준환이. 이제 엄마, 아빠만 바라보는 귀염둥이라기보다 자신의 생각을 당당하게 말하는 씩씩한 청소년이 되어버렸다. 가족의 울타리에서 벗어나 학교생활을 한 지도 몇 년 되다 보니 가족과의 관계 이상으로 친구들과의 관계에 대해서도 관심이 늘었다. 언젠가 준환이가 화가 나서 집에 왔다. 얼굴이 안 좋아 보였다. 무슨 일 있냐고 물어보니 이렇게 말한다.

"앞집 영민이가 성호랑 친해요. 나한테도 성호 같은 친구가 있으면 좋을 텐데."

준환이는 성호랑 친해지고 싶다. 그런데 성호가 자기보다는 영민이와 더 친한 게 불만이다. 왜 성호와 친하게 지내고 싶냐고 물으니 친절함 때문이란다. 말을 잘 들어주고 또 자신의 마음을 이해해준다는 거다. 준환이가 가장 좋아하는 야구를 함께할 상대라는 것도 빼놓을 수 없는 이유다.

> 아빠 : 준환아, 성호 같은 친구가 많니?
>
> 준환 : 아니, 별로 없어요.
>
> 아빠 : 그래, 그런 친구가 더 많으면 좋겠네.
>
> 준환 : 응. 하지만 많지 않아요. 마음이 잘 통하는 그런 친구는.
>
> 아빠 : 마음이 잘 통하는?
>
> 준환 : 응. '베프(베스트 프렌드).' 말이 통하는 친구.

나는 이렇게 말해줬다.

"성호는 참 좋은 친구구나. 성호는 주변에 친구가 많은가 봐. 왜 그런 걸까? 다른 친구들의 마음을 잘 살펴주고 또 이해해줘서가 아닐까? 네가 그런 친구와 친해지고 싶은 건 당연해. 그러면 네 주변에 있는 친구들에게 네가 먼저 성호 같은 친구가 되어주는 거야. 친구들이 말할 때 이해해주고 잘 들어주는 거지. 너는 이미 축구도 야구도 잘하니까 다른 친구의 마음을 잘 이해하려는 작은 노력만으로도 성호보다 더 좋은 친구가 될 거야. 아마 많은 아이들이 너와 친구가 되고 싶어할걸? 성호도 마찬가지고."

'다른 사람의 마음을 이해해주라'고 이제 열한 살 된 준환이에게 주문했는데, 쉽지는 않을 것이다.

친절은 '상대방에 대한 존중'이다. 존중이란 상대방을 있는 그대로 인정하는 것이다. 자기 세상이 강한 아이들에게 친절을 요구하는 건 아직 무리일 수도 있다. 하지만 아이가 타인을 존중하며 이해하고 다름을 인정해서, 그 누구보다도 인기 있는 존중의 아이콘이 될 수 있을 때까지 지속적으로 격려해야 한다.

준환이, 준서, 수민이. 사랑하는 나의 아이들 이름이다. 준환이가 좋아하는 성호, 성호와 친한 영민이. 모두 사랑스러운 아이들이다. 그들이 자신을 귀하고 소중하게 여기고, 또 다른 사람도 그만큼 소중하다는 것을 알게 하여 결국 이 세상을 더불어 살 만한 곳으로 만들어야 한다. 이때 필요한 것이 바로 다름에 대한 이해, 그리고 표현일 것이다.

'다름'을 적극적으로 인정하기

인격(자신의 인생에 대해 책임감을 갖고 받아들이려는 의지)은
자아를 존중하는 마음을 만드는 원천이다.
- 조앤 디디온(Joan Didion)

　나는 야구를 좋아한다. 트윈스의 팬이다. 야구 좋아하는 사람
이라면, 혹시 베어스나 타이거즈의 팬이라면, '뭐야, 알고 보니 트
윈스 팬?'이러면서 책을 덮을지도 모르겠다. 잠시, 마음을 가다듬으
시길. 야구팬이면 안다. 히어로즈는 트윈스에 강한 면이 있다. 특히
투수 밴 헤켄(Andy Van Hekken)은 트윈스와의 경기에서는 '다저스
의 커쇼(Clayton Kershaw)'로 '빙의'한다. 트윈스의 타선은 물방망이
가 되어버린다(언젠가 트윈스의 젊은 타자들이 극복해내리라!). 이렇듯 밴
헤켄을 싫어하는 트윈스의 팬이지만 그의 인성만큼은 인정한다. 그
가 다름을 인정하는 한국 맞춤형 용병이라는 말을 듣고부터다.
　〈News1〉 5월 기사에 따르면 2015시즌 개막 이후 벌써 두 명
의 외국인 선수가 짐을 싸서 떠났는데, 그들은 실력 부족을 떠나
'태도'에서 공통적으로 지적을 받았다. 이에 대해 밴 헤켄은 한국서

뛰는 외국인 선수들에게 KBO리그 선배로서 의미 있는 조언을 건넸다. "한국으로 올 때 이전에 뛰었던 것과 다르다는 것을 인지하고 그것을 인정해야 한다. 보통 선수들이 한국에 오면서 미국과 같을 것이라고 생각하는데 이는 분명 잘못된 생각이다"라고 말이다.

아, 이런 용병 선수, 정말 '짱' 아닌가. 히어로즈, 트윈스의 팬으로서 모든 면에서 마음에 안 드는 팀이다. 트윈스와의 경기에만 강한 것을 보면 더더욱 그러하다. 하지만 선수생활 초기의 어려움을 극복하고 새로운 야구 인생을 써내려가는 박병호, 서건창 같은 선수들과 함께 다름을 인정하는 인성 야구의 표본인 밴 헤켄은 마음에 든다. 메이저리그에서 대단한 성공을 거둔 선수라고 해도 실제 한국에서 괜찮은 성적을 거두는 경우는 드물다고 한다. 오히려 메이저리그와 마이너리그를 오가며 '마음앓이'를 한 선수들이 마음을 다잡고 한국에 왔을 때 대박을 치는 경우가 많다고 한다.

이들은 실패를 성공으로 만들기 위해 노력했을 것이고, 미국과는 다른 한국 프로야구의 환경을 이해하려는 노력을 했을 것이다. 지금까지의 용병 선수들을 살펴보면 '튀는' 용병, 혹은 '독선적인' 용병보다는 하나라도 더 배우려고 노력했던 선수들이 좋은 성적을 냈다. 밴 헤켄 역시 '마음먹은 대로 잘되지 않더라도 오해가 될 수 있는 것은 작은 행동이라도 삼가야 한다'며 언어가 통하지 않는, 문화가 전혀 다른 한국에서의 적응에 힘썼다고 한다. 소극적으로 조심한 것이 아니라 적극적으로 타국의 문화를 인정하는 태도다. 이런 선수는 성공하지 않을 수가 없다.

우리 아이들 역시 이런 모습을 배워야 한다. 다른 사람의 눈으로 보고 다른 사람의 귀로 들으며 다른 사람의 가슴으로 느낄 수 있는 아이가 되었으면 한다. 타인을 이해하고 타인을 한 번 더 고려하는 사회 구성원으로 성장하기 바란다. 다름에 대한 이해는 오직 실력만이 모든 것을 지배할 것 같은 프로 스포츠의 세계에서도 통한다는 것을 우리 아이들이 꼭 알기를 바란다.

부부가 먼저 존중하는 모습 보이기

아내를 존중하지 않는 이는
자신도 존중할 수 없다.
-외국 속담

'다름다움'이라는 말을 들어봤는가. 처음 들었을지도 모르겠다. 김해문화재단의 프로젝트 이름이다. 이 프로젝트는 문화체육관광부에서 주최하는 '2015년 문화다양성 확산을 위한 무지개다리 지원 사업'에 선정되었는데, 문화다양성의 지역적 나눔에 중점을 둔다고 한다. '다름다움'은 '다름의 아름다움'의 줄임말이라는데 어감도 예쁘고 그 의미도 깊다. 다름은 불편하고 귀찮고 짜증나는 것이라고 생각하는 나에게, 또 우리의 아이들에게 단어 그 자체만으로도 교훈을 주는 것 같다. 어떻게 명명하느냐에 따라 받아들이는 사람의 느낌까지도 달라질 수 있다는 것을 보여주는 좋은 예다.

나는 아이들이 '다름다움'을 이해하길 바란다. 나 이외의 다른 사람과 잘 어울리길 바란다. 다양한 사람들이 모여 사는 사회의 힘을 느꼈으면 한다. 1등부터 꼴등까지 줄을 서는 게 아니라 각자의 분야에서 '온리원(only one)'이 되어 서로 협력하는 세상이 되길 바란다. 친구를 누르고 내가 올라가는 것이 아니라 너도 온리원, 나도 온리원이니 함께 힘을 합쳐서 또 다른 온리원으로 나아가는 거다.

우리 아이들이 다름다움을 자기 인생의 가치로 생각하게 하려면 어른들은 무엇을 해야 할까? 거창한 것을 찾을 필요는 없다. 아이들이 주변 사람부터 사랑하는 연습을 하도록 도와주면 된다. 그러기 위해 우리 부모가 해야 할 일이 있으니 바로 '아빠와 엄마가 서로를 존중하는 태도'를 아이에게 보여주는 것이다.

아이는 부모의 모습을 보며 배우고 따라 한다. 그래서 아이는 부모의 거울이라는 말도 있지 않던가. 그런데 부모가 서로를 존중하지 않는 모습을 보이면, 아이 역시 사회로 나아가 다른 사람을 존중하는 데 어려움을 겪는다. 어떤 경험의 장에서 성장했는지는 매우 중요하다. 아이는 부모가 서로를 존중하는 환경에서 자라야 하고 그러한 경험을 많이 해야 한다. 그래야 자기중심성에서 벗어나 사회성을 용이하게 획득할 수 있다. 반대로 엄마의 의견을 늘 무시하는 아빠의 모습, 아빠의 행동거지 하나하나에 잔소리를 하는 엄마의 모습을 본 아이는 타인을 존중하는 사람으로 성장할 수 없을 것이다. 그러니 부모들이 '절대 아이들 앞에서는 싸우지 않는다. 싸우더라도 상대방의 입장을 최대한 이해하려는 노력을 한다. 함부로 타박하지 않는다' 정도는 미리 합의해두어야 한다.

언젠가 가벼운 주말 나들이길 차 안에서 아내와 싸웠다. 화가 났다. 지금 생각해도 내 생각이 100퍼센트 옳았다(고 주장하고 싶다). 그런데 아내가 동의하지 않았다. 이런저런 말끝에 "뭘 안다고 그래? 내가 해봤으니까 쓸데없는 소리 하지 마!"라고 소리를 빽 질렀다. 엉겁결에 내뱉은 말에 차 안이 조용해졌다. 무거운 침묵이 한동안 이어졌다. 아내는 창밖만 바라봤다. 이럴 때 뒤에 타고 있던 나의 아이들은 무엇을 배웠을까. 아니, 걔네들이 도대체 무슨 죄가 있기에 이런 대화를 듣고 있어야 하나. 이래서야 아이가 다름의 미학을 배울 수나 있겠는가. 아이의 인성에 나는 무슨 짓을 한 걸까.

부모가 먼저 서로의 견해를 적극적으로 수용하고 인정하는 태도를 갖지 않고서 아이가 다름을 수용하기를 기대하는 건 무리다. 부부가 평소 아이 앞에서 서로를 무시하는 태도를 보인다면 아마 아이 또한 부모를 무시할 것이고 나아가서 타인도 똑같이 대할 수 있다. 모든 아이들이 그렇게 자란다면 타인에게 내 아이 또한 그렇게 무시당할 수 있다.

그러니 우리 부모들이 먼저 상대방을, 아이를, 타인을 다르다고 무시하고 배척하기보다 상의하고 수용하는 태도를 보여야 한다. 아이를 대할 때도 잘못한 일이 있어도 바로 지적하거나 윽박지르지 않는다는 등의 원칙을 정해두는 것이 좋다. 가정의 분위기가 정의롭고 민주적이기만 해도 아이들은 타인을 속 깊이 이해하고 다름다움을 실천하는 데 어려움을 겪지 않을 것이다.

우리는 일상에서도 아이들에게 알게 모르게 '다름' 대신 '같음'을 강조한다. 아이들이 싫어하는 같음을 강요한다. '진영이는 수학 선행학습 다했다는데 너도 얼른 해야지!', '성철이 봐라. 머리 시원하게 깎고 다니니 얼마나 예뻐 보이니?' 등 마치 다른 집 애들과 똑같이 해야 옳은 것처럼 호들갑을 떤다. 남들처럼 살아야 '안전빵'

이라는 부모의 뒤떨어진 의식 때문이리라. 획일성을 강요하고 창의성을 말살하는 주범은 우리 부모들이었던 셈이다. 최소한 다른 집 애들처럼, 욕심 같아서는 다른 집 애들보다 '좀 더 (세속적 기준에서) 잘되라고' 몰아치는 부모의 품안에서 아이들은 타인의 다름을 인정할 여유를 갖지 못한다.

부모가 아이를 인정해줘야 아이가 다름의 영역에 적극적으로 부딪힐 용기를 가질 수 있다. 아이에게 중요한 순간이 닥치면 스스로 판단할 수 있게 해주어야 하고 어른은 그저 적절한 조언을 하는 데 그쳐야 한다. 한 교육자가 '엄마들이 창의성에 별로 관심이 없는 것 같다. 애가 뭘 좋아하는지 관심이 없잖은가. 다 자기가 해야 한다고 생각하는 걸 애들이 하길 바라'라고 말한 것을 본 적이 있다. 평소 아이의 말과 행동에 관심을 갖고 응원을 보내주자. 자기를 응원해주는 부모를 보면서 아이들은 타인의 다름에 대해 공감하고 수용할 수 있다. 이를 통해 우리 아이들은 다양성을 지닌 창조적 인간으로 거듭날 것이고, 결국에는 획일성을 거부하며 타인의 다름을 존중하는 민주주의 사회의 멋진 구성원으로 자라날 것이다.

착한 우월감

{ 배려 }

배려는 돕기다

돕는 손이 기도하는 입술보다 더욱 성스럽다.
- 서양 속담

배려 : 도와주거나 보살펴주려고 마음을 씀

　인터넷에서 찾아본 배려의 정의다. 어렵다. 마음을 쓴다고? 마음을 쓰면 뭐가 달라지는데? 우리는 불쌍한 사람, 괴로운 사람, 어려운 사람을 보면 '마음을 쓰기' 마련이다. 그건 배려가 아니다. 모두 다 하는 거다. 얼마 전에 '로드킬'을 당한 강아지 곁을 다른 강아지가 차마 떠나지 못하고 서성거리는 동영상을 인터넷에서 봤다. 강아지들도 그렇게 마음을 쓴다. 어쩌면 더 애타게. 배려는 그저 마음을 쓰는 게 아니다. 그렇다면 배려란 무엇인가? 초등학교 1학년인 수민이는 배려라는 단어가 무엇을 의미하는지 알고 있을까, 궁금했다.

아빠 : 배려라는 단어가 뭔지 아니?

수민 : 배려? 배려?

아빠 : 응, 배려.

수민 : 음, 도와주는 거.

아빠 : 도와주는 거. 어떻게?

수민 : 그냥 도와주는 거. 그냥.

아빠 : 그럼 수민이가 아빠를 배려하려면 어떻게 해야 하는 거야?

수민 : 음. 아빠한테 뽀뽀해주는 거.

아빠 : 그래? 뽀뽀~

수민 : 싫어.

참고로 수민이는 나와 뽀뽀하는 것을 싫어한다. 하루 종일 뽀뽀하자고 난리인 아빠가 이제 귀찮단다. 어쨌거나 그런 아빠에게 자신이 해줄 수 있는 것을 해주는 것이 배려라고 알고 있다. 그게 아빠를 돕는 거란다. 수민이 똑똑하다. 맞다. 그건 하루 종일 일에 지친 아빠를 돕는 행동이다. 자신이 갖고 있는, 그 누구도 해줄 수 없는 행동을 하는 거다. 수민이가 아빠에게 배려 있는 행동을 하려면 그 누구도 해줄 수 없는 자신만이 가진 것(아빠에게 뽀뽀하기!)을 아빠에게 해줘야(아빠에게 뽀뽀!) 한다. 수민아, 알았지? 자, 배려의 개념을 다시 확인하자.

"배려는 (자신만이 갖고 있는 것으로) 타인을 돕는 행동이다."

배려를 'helping others'라고 말해도 되겠다. OECD가 35개 국의 삶을 질을 측정했는데 한국이 27위였다고 한다. 특히 사회적 유대가 32위로 최하 수준이었다. 배려를 잃어버린 한국 사회의 현실을 비극적으로 보여주는 서글픈, 한편으론 서늘한 수치다. 배려 없는 사회란 힘들고 어려울 때 기댈 사람 하나 없는 곳을 말한다. 배려를 강조하는 것은 결국 서로에게 힘이 되어주는 사회적 유대 관계를 강화하자는 노력이다.

우리 아이들이 받고 있는 교육의 상당 부분은 타인에 대한 배려 감각을 길러주지 못한다. 교육이 오로지 성공의 수단으로서만 기능하면서 더불어 사는 사회를 구성하는 배려심의 함양에는 부족했다. 배려를 글로만 배운 것도 문제다. 배려에 대해 말과 글로 배웠을 뿐 실천에는 소홀했다. 배려를 체득시키지 못한 것이다.

배려는 체계적으로 남을 돕는 것이며 이를 '행동'으로 보여줘야 한다. 행동 없는 배려는 아무런 의미가 없다. 배려 있는 아이라면 "쟤는 마음 씀씀이가 배려가 있어 보여"라는 말을 듣는 데서 그쳐서는 안 된다. "쟤가 하는 행동은 배려가 가득해"라는 말을 들어야 '미션 석세스(mission success)'다. 배려가 좀 더 바람직해지려면 다른 사람이 성장할 수 있도록 도와주는 행동까지 필요하다. 즉, 배려에는 일방적인 행동이 아니라 배려하는 사람과 배려 받는 사람의 상호작용이 필요하다. 단순한 도움은 배려가 아니다.

참고로 배려와 협동을 헷갈리는 경우가 많은데, 협동해야 하는 상황과 배려해야 하는 상황은 다르다. 둘을 잠깐 구별해보자.

배려 : 상대방의 부족한 부분을 채워주는 연습
협동 : 나에게 부족한 부분을 채워나가는 훈련

배려와 협동은 일단 누가 부족한 사람인지를 확인하면 구분된다. 배려는 상대방이 부족한 것이고 협동은 내가 부족한 것이다. 이 부족을 채워주는 사람이 행위의 주체가 된다. 즉, 배려의 주체는 나고, 협동의 주체는 상대방이다. 내가 적극적으로 행해야 하는 게 배려라면 협동은 내가 잘 받을 수 있어야 한다.

다시 돌아와보자. 배려는 무엇이라고 했는가. 그렇다. 돕기다. 어떤 돕기인가. 상대방에게 부족한 부분을 채워주는 돕기다. 도울 줄 알고 행하는 사람은 배려하는 사람이다. 배려에 대한 정의, 끝!

한 사회의 성숙도는 '자기보다 약한 사람들을 어떻게 대하느냐'에 따라 가름된다고 한다. 자신보다 높은 사람에게는 굽실거리고 조금이라도 약하다 싶으면 무시하고 얕보는 게 지금 어른들의 세계는 아닌가 우려스러울 때가 한두 번이 아니다. 그런 모습을 보면 저절로 눈살이 찌푸려진다. 반대로 자신보다 약한 사람을 보듬고 배려하는 사람을 보면 그렇게 멋져 보일 수가 없다. 우리의 아이들이 환경 미화원, 아파트 경비원, 버스 기사, 식당의 종업원, 카페의 알바생 등 소위 을의 위치에 있는 분들에게 배려심을 갖고 어렵게 생각하며 예의를 갖추어 커뮤니케이션할 수 있는 사회의 주역이 되길 바란다.

학급 회장이 되는 방법 세 가지

이 세상에서 가장 이해할 수 없는 말은
이 세상을 이해할 수 있다는 말이다.
– 아인슈타인(Albert Einstein)

어릴 적 나, 내성적, 아니 내향적이었다(내성적보다는 내향적이라는 말을 나는 적극 지지한다. 내성적이라는 단어에 실린 부정적인 생각을 나는 싫어한다). 수줍음, 조용함, 그런 말이 어울렸다(물론 지금 나를 아는 사람들은 절대 믿지 못하겠지만). 어느 정도였냐 하면 말이다.

초등학교 5학년 때였다(참고로 나름 사립 초등학교 출신이다. 엄마, 고맙습니다. 지금도 사립 초등학교 다니는 '얼라'들은 자고로 자기 엄마와 아빠에게 무조건 잘해드려야 한다. 왜 그런지 '공립', '사립' 둘 다 다녀본 사람은 안다). 5학년 때 '공립'에서 '사립'으로 전학을 갔다. 얌전한 성격으로 1학기를 대충 지내고 2학기에 들어섰다. 반장, 부반장 선거를 했다. 누군가 내 이름을 부르며 추천을 했다.

"김범준을 학급 반장으로 추천합니다."

이런, 얼굴이 붉어지는 나를 느꼈다. 반장을 안 해본 건 아니다. 공립 초등학교 다닐 때 해봤다. 다만 선생님이 임명한 거였다. 선거는 하지 않았다. 성격상 선거에 나가는 것 자체가 싫었다. 나가서 "내가 반장이 된다면 어쩌고……" 하는 것도 싫었고, 내 이름이 몇 번 불리는지 기다리는 초조함도 싫었다. 그냥 귀찮았다. 그러는 동안 선생님께서 얼른 나와서 소견을 말해보라고 했다. 아, 피곤해. 일단 나갔다. 되는 대로 말했다.

"음. 저는 아직 생각이 없어서요. 저는 반장은 싫고요, 부반장 할게요."

그러고 내려왔다. 부반장이 되었다. 아, 이런 바보. 왜 이런 이야기를 하느냐고? 음, 그건 우리 집 첫째 준환이는 나와는 정반대이기 때문이다. 자기가 반장, 아니 회장(뭘 반에서 뽑은 애를 회장이라고 하는지……)을 하고 싶다고 난리다. 반장 선거에 나가서 할 말을 자기가 열심히 쓴다. 엄마에게 '이렇게 말하면 표를 얻을 수 있겠냐'며 봐달라고 한다. 그걸 보면 '쟤가 내 뱃속에 있다가 나온 그 애 맞나?' 싶다. 엄마를 닮은 거겠지. 어쨌거나 지금 준환이는 2전 2패다. 3학년 때 한 번, 4학년 때 한 번 총 두 번 나갔지만 모두 반장, 아니 회장 혹은 부회장이 되지 못했다. 돈을 쓰지 않아서 그런 걸까? 초등학교 선거에도 돈이 든다는 걸 나는 신문을 보고 알았다. 지난 8월 〈문화일보〉에는 서울 서초구에 사는 40대 주부의 이야기가 실렸는데, 그 주부는 초등학생 딸이 전교 부회장 선거에 나갈 것이라는 말을 듣고 큰 고민에 빠졌다. 경쟁 후보 부모가 큰돈을 들여 아이를 선거 스피치 학원에 보내고 전문 업체에 의뢰해 선거운동용 피켓을 제작하고 있다는 소문이 파다했기 때문이었다. 그 학부모는 이렇게 말했다. "내 아이가 임원이 되면 좋을 것 같아 알아봤더니, 경쟁 후보처럼 하려면 100만 원이 넘게 든다는 견적을 받았다. 비용이 만만치 않아 부담인데다, 아이들 선거에 거액을 쓰는 게 교육적으로 좋은지도 고민이 된다." 이런 현실에 고민되지 않을 부모가 어디 있겠는가.

하아, 정말 한숨이 나오지 않을 수가 없다. 돈으로 모든 것을, 심지어 아이들의 선거까지 도배한다니. 그런 교육은 싫다. 그냥 회장 같은 거 하지 말라고 하는 편이 낫겠다. 하지만 선거에서 떨어진 날 준환이가 괴로워하는 모습은 솔직히 보기 딱할 정도였다. 물론 하루 이틀 지나면 '모두 잊어버리는' 놀라운 회복탄력성을 가지긴 했지만. 준환이가 선거에서 실패한 후 나에게 '왜 회장이 되지 못하는 걸까'라고 물어본 적이 있다. 그에 대한 비법을—100만 원도 아낄 겸— 여기서 알려주련다. 음, 그러니까 지금부터는 준환이만 봤으면 한다(물론 이미 당신도 컨닝 중이다!).

"준환아. 회장이나 부회장이 되고 싶지? 친구들에게 인기를 얻고 싶지? 그러려면 배려와 매너를 실천해야 해. 그러면 표는 자연스럽게 따라오지. 네가 그런 사람이 되려면 세 가지 능력이 필요한데, 어때 말해줄까? 첫째, 듣는 능력이야. 친구들의 말에 귀 기울이려는 노력을 해봐. 친구가 말할 때 잘 들어주면 아이들은 너를 친절하다고 생각할 거야. 둘째, 칭찬하는 능력이야. 네 친구들이 잘했을 때 시기하거나 질투하지 말고 솔직하게 '와, 멋지다, 잘했어!'라고 한번 말해봐. 셋째, 주는 능력이야. 과자를 먹을 때 친구랑 나눠먹을 줄 알아야 해. '이건 내 거야'라고 말하기 전에 '이거 맛있는데 같이 먹자'라고 말해봐. 사실 이 세 가지 능력을 너는 이미 갖고 있어. 이제 그걸 꺼내서 밖으로 보여주기만 하면 돼."

고개를 끄덕이며 알듯 모를 듯한 표정을 짓던 준환이는 5학년 때 반장이 될 수 있을까? 그것이 알고 싶다.

* 덧붙임―알고 보니 학급 회장, 부회장은 1년에 한 번 뽑는 게 아니었다. 2학기에 또다시 선거를 했고 준환이는 회장에는 선출되지 못했지만(한 표 차이로 떨어졌다고 아쉬워했다) 부회장에 임명되었다. 열심히, 아이들을 위해서 노력하겠다는 준환아, 축하한다!

기분 좋게 나눠주는 연습하기

친구는 모든 것을 나눈다.
- 플라톤(Platon)

　　아이들에게 배려를 어떻게 가르쳐줄 수 있을까? 배려는 상대방의 부족한 부분을 도와주는 것이라고 했다. 상대방에게 부족한 것, 상대방이 필요로 하는 것을 주는 능력이 배려다. '주는 것'은 늘 어렵다. 다 큰 어른에게도 베푸는 것은 늘 어렵다. 그렇기에 배워야 한다. 또한 줄 때도 잘 줘야 한다. 상대방이 기분 나쁘지 않게 줄 수 있는 방법을 생각해야 한다. 아무 대가도 받지 않고 준다고 해서 온갖 생색을 낸다면 받는 사람은 아마 '받지 않는 편이 더 낫겠다'는 생각을 할 것이다.

　　배려는 '기브 앤 테이크(give & take)'가 아니다. '온리 기브(only give)'다. 아이들이 이를 깨달아야 하고 또 행해야 한다. 첫째 준환이와 둘째 준서는 서로 잘 챙겨주고, 없으면 못 사는 사이다. 없으면 서로 심심해하고, 있으면 찧고 까불며 함께 노는 그런 형제 말이다. 그 아이들이 놀고 있는 모습을 보면 개구쟁이가 무엇인지를 확실히 알 수 있다. 자주 싸우기도 한다. 큰소리가 나고 씩씩거리고 있어서 물어보면 한바탕한 후다. 그 싸움의 원인을 살펴봤다. 대부분 '거래'가 문제였다. 언젠가 싸움이 일어나고 나서 둘째 준서를 불렀다.

아빠 : 왜 싸웠니?
준서 : 형아가 이 카드를 갖고 저 카드를 준다고 했는데 안 줘요.
아빠 : 설마, 준환이가 그랬을까.
준서 : 정말이에요.

이번에는 첫째 준환이를 부른다.

아빠 : 준환아, 왜 준다고 한 걸 안 주는 거야?
준환 : 아니에요. 준서가 저 카드랑 야구공도 준다고 했는데 마음이 바뀌었
　　　대요.

결국 '거래'의 과정에서 싸움이 일어난 거다. 어른인 내 눈으로 보면 아이들이 주고받으려 했던 것들은 자신들에게는 별로 필요 없는 물건이었다. 필요가 없기 때문에 주려는 거였고 상대방이 갖고 있는 필요한 물건을 얻으려고 교환을 시도하다가 '뭔가 손해 보는 느낌' 때문에 다툼이 일어난다. 아이들은 참 빠르다. 누가 가르쳐주지 않아도 교환, 거래 등의 개념을 잘 안다. 그건 좋다. 하지만

그러다 보니 자신에게 필요 없는 물건조차 쌓아놓고 주지 않는다. 그냥 주는 방법을 모른다.

그래서 필요한 것이 '그냥 주는 연습'이다. 예를 들어, 집에 있는 장난감 등을 자선단체에 기부하는 건 어떨까? 상대방에게 필요한 물건을 아무 조건 없이 주는 연습이다. 종교단체에 헌옷을 기부하는 현장에 함께 가보는 것도 좋은 방법이다. 이런 배려의 행동은 연습으로 완성된다. 일회성으로 끝내서는 안 된다. 지속적인 기부가 수반되어야 아이들도 그냥 주는 것, 그리고 배려의 개념에 익숙해진다. 물건을 주는 것만이 배려의 전부는 아니다. 예를 들어 '하임리히법'을 배우는 것도 배려를 익히는 좋은 방법이다. 하임리히법은 이물질로 인해 기도가 폐쇄되었을 때 쓰는 응급처치법이다. 하임리히법 이외에도 심폐소생술, 자동제세동기 사용법 등을 익혀두면 실제 상황이 발생하더라도 당황하지 않고 신속하게 다른 사람을 도울 수 있다.

이런 교육은 정말 오랜 기간을 두고 지속적으로 시켜야 한다고 생각한다. 배려와 관계된 것이기 때문이다. 아이들에게 이만한 교육이 또 있을까! 배려는 상대방에 대한 사랑에서 비롯된다. 사랑의 개념을 스스로 터득하게 하는 대표적인 인성 덕목이 바로 배려다. 하임리히법 등은 내가 아닌 아픈 누군가를 위해 배우는 것이기에 배려를 생각해보는 훌륭한 교육이 된다.

우리 아이들이 밝고 맑게 자라는 것도 좋다. 세상 어려움에 관심을 두지 않고 살 수 있었으면 하는 것이 어쩌면 부모들의 바람일지도 모르겠다. 하지만 타인의 어려움과 고통에도 관심을 갖는 연습, 그리고 지금 자신이 가진 무엇인가를 아무런 대가 없이 주는 연습은 반드시 해봐야 한다. 배려는 행복한 사회공동체를 형성하기 위해 우리 아이들이 꼭 알아야 할 인성의 중요한 덕목이기 때문이다. 배려 훈련을 하면 세상을 보는 우리 아이들의 눈이 한층 더 성숙해질 것이다.

일단 행동 먼저, 마음은 따라온다

우정은 풍요를 더 빛나게 하고,
풍요를 나누고 공유해 역경을 줄인다.
- 키케로

2014년, 관련 책이 베스트셀러가 되면서 한국에서 뜬금없이 부활한 심리학자가 있다. 바로 아들러(Alfred Adler)다. 아들러? 네이버 지식백과에서 찾아보니 '오스트리아의 정신의학자. 개인심리학을 수립하였으며, 인간의 행동과 발달을 결정하는 것은 인간 존재에 보편적인 열등감·무력감과 이를 보상 또는 극복하려는 권력에의 의지, 즉 열등감에 대한 보상욕구라고 생각하였다'라는 설명이 나온다.

뭐, 그런가 보다 하면 된다. 이름도 아득한 아들러라는 사람이 한국 땅에서 살아난 이유는(아, 이미 돌아가신 분이다. 1870. 2. 7 ~ 1937. 5. 28) 《미움 받을 용기》라는 책이 우리의 마음을 뒤흔들었기 때문이다. 아들러 심리학의 심리치료 기법 중에 이런 게 있다.

'마치 ~인 것처럼……'

배려 교육에 이를 적용하면 '마치 배려하는 사람인 것처럼 행동하기' 정도가 되겠다. 아이가 '난 배려가 귀찮아'라고 부정적인 모습을 보이면 그것을 그대로 인정하지 말고, 그것을 이미 성취한 것처럼 행동하도록 시키면 된다. 과거의 경험이 부정적이었다고 해도 사람은 그 경험에 수동적으로 압도되지 않는다. 아들러 상담이론은 우리 내면에 부정적 경험을 극복하고 중대성, 우월성 및 힘을 추구하려는 동기가 있다고 본다. 아들러에 의하면 '배려의 행동을 하는 그 자체'만으로도 배려의 마음을 키울 수 있다.

　　만약 '마치 ~인 것처럼'의 기법으로 아이들에게 배려를 가르치고 싶다면 구체적인 행동을 통한 훈련을 추천한다. 예를 들어 앞서 말했듯 심폐소생술 같은 것을 배우면 된다. 아이들이 좋아하는 여름캠프에는 수영, 어학, 체육 등 여러 가지 유형이 있는데 온전히 배려만을 연습하면 어떨까 하는 생각이 든다. 캠프에 가서 인명구조와 심폐소생술, 응급처치 등을 배우는 것이다. 수학공식 하나, 영어단어 하나는 덜 외울 수 있지만 서로 도와야 하는 세상에서 살아가는 지혜를 배울 수 있다면 그것만큼 큰 교육이 어디 있겠는가. 물론 '그렇게 하는 척하면서 살아야 하나? 마음에서 저절로 우러나와야 배려지'라고 말하는 분도 있을 수 있다. 그러나 배려는 인성이며 인성은 배워야 하는 것임을 이미 앞서 살펴본 우리이기에 다음과 같이 답할 수 있다.

　　"그렇다. 누군가를 해치지 않는, 선한 영향력을 행사하는 '척'은 우리 아이를 위해, 아이와 함께 살아갈 사람들을 위해, 세상을 위해 필요한 필수 훈련과정이다."

좋은 열등감

{협동}

혼자는 뭔가 부족하다

누구는 성공하고 다른 누구는 실수한다.
그러나 이런 차이에 집착하지 말라.
다른 사람과 함께, 다른 사람을 통해서
함께 일할 때만이 위대한 것이 탄생하기 때문이다.
– 생텍쥐페리(Antoine Marie Saint Exupery)

협동이란 무엇일까? 네이버 지식백과를 보니 '서로 마음과 힘을 하나로 합함'이라고 나와 있다. 무슨 해설이 이리도 어렵냐. 마음과 힘을 하나로 합하라고? 어떻게? 협동정신이다, 협동해야 한다, 어쩌고 하면서 열심히 부르짖지만 도대체 협동이 뭔지 알아야 하든지 말든지 할 것 아닌가. 협동의 '연관검색어'로 떠오르는 단어가 있다. 협력이다. '힘을 합하여 서로 돕는다'는 의미다. 더 헷갈린다. 그러면 '협동=협력'인가?

네이버 지식인에 협동과 협력을 나름대로 잘 구분한 분이 계셨다. "협력이란 어떤 공통의 목적을 두고 각 개인이나 조직이 독자적으로 업무를 수행하며 서로의 편의를 봐주거나 타 경쟁자와의 협상력을 높일 목적으로 서로의 노선을 같이하는 행위입니다. 협동이란 어떤 공통의 목적을 위해 각 개인이나 조직이 업무를 분담하고 그 결과물에 대해서도 사전계약에 의해 분배합니다. 예를 들면 과제를 한다고 했을 때, 협력은 각자 알아서 조사한 결과를 합치는 것이고 협동은 각자 뭘 할지 정해서 함께 하는 것입니다. 협력업체라고 하지, 협동업체라고 하지는 않잖아요. 협력은 각자의 위치에서 일하면서 돕는 거고, 협동은 분담해서 돕는 겁니다."

깔끔한 해석이다. 이를 토대로 하면 야구는 협력이고, 축구는 협동이다. 야구는 자신의 포지션에서 자기 할 일만 열심히 하면 되지만, 축구는 그와 다르게 자신의 포지션이 있기는 하지만 필요할 때는 공격도 하고 수비도 해야 한다. 시시각각 다른 사람들의 움직임에 관심을 가져야 한다. 아무래도 야구보다는 축구가 선수들 상호간의 관계가 밀접할 수밖에 없다. 협력과 협동의 비교 혹은 구분은 이 정도로 해두자. 본질을 파악하는 것은 중요하나 그 본질이 무엇인지를 지나치게 깊게 파악하느라 정작 중요한 것을 빠뜨리는 경우도 많으니 말이다.

자, 이쯤에서 우리 아이들은 협동을 어떻게 알고 있는지 살펴보자. 이제 초등학교 1학년인 셋째 수민이에게 물어봤다.

아빠 : 수민아, 협동이 뭐야?

수민 : 협동? 같이 노는 거 아닌가.

아빠 : 왜 같이 노는 게 협동이야?

수민 : 혼자 놀면 심심하니까.

아빠 : 뭐가 심심해?

수민 : 뭔가 부족해.

정답.

역시 아이들은 늘 생각보다 많은 것을 알고 있다. 협동은 관계성을 전제로 한다. 어려움 가운데 있는 다른 사람과 함께하는 것이 아무런 문제없이 영원히 혼자 있는 것보다 낫다는 말이 있다. 협동은 혼자 살기가 아닌, 더불어 살기 위해 필요한 인성 덕목이다. 협동은 초등학교 1학년 수민이의 말처럼 혼자면 부족하기 때문에 필요한 것이다. 즉, 협동이란 나에게 부족한 부분을 메우고 공동의 목적을 달성하기 위해 하는 행위다. '착한 열등감' 아니 '좋은 열등감'이라고 하자.

참고로 남을 위해 하는 건 협동이 아니다. 협동은 나를 위해 필요한 것이다. 아이에게 "너는 협동해야 해!"라고 말한다면 "너의 부족함이 무엇인지를 알아야 해!"가 전제다. 스스로의 부족함을 파악하는 것이 제대로 된 협동의 출발점이다.

모든 것을 가진 사람은 없다

충고는 적게, 도움은 많이.
- 외국 속담

　　시각장애인 한 사람이 머리에 물동이를 이고 손에 등불을 든
채 걸어오고 있다. 마주 오던 한 사람이 "앞을 볼 수 없는데 등불을
왜 들고 다닙니까?"라고 물었다. 맹인이 "당신이 제게 부딪히지 않
게 하기 위해서이지요. 이 등불은 내가 아닌 당신을 위한 것이랍니
다"라고 대답했다.

　　인터넷에 떠도는 이야기다. 이 시각장애인의 일화에서 찾을
수 있는 인성의 덕목은 무엇일까? 보통 '배려'라고들 말한다. 하지
만 배려를 앞서 살펴본 대로 '잘난 점'을 가지고 있는 사람이 못 가
진(못난 사람이라는 말이 절대 아니다!) 사람에게 주는 것이라고 정의한
다면, 이는 배려에 대한 일화가 아니다. 시각장애인은 잘난 점이 아
니라 다른 사람이 '당연히' 갖고 있는 것, 즉 정상적인 시각(視覺)을
갖지 못한 사람이기 때문이다. 따라서 일화 속의 시각장애인은 협

동이라는 인성 덕목에 충실한 사람이다. 자신에게 부족한 점이 무엇인지를 알고 타인과 함께 잘 살아가기 위한 방법—위의 일화에서는 등불—을 적극적으로 실천하는 사람이다.

자신의 부족한 점을 타인의 힘을 빌려 보충하는 것이 협동의 필요조건이오, 그럴 때 타인 역시 도움을 받을 수 있다는 것이 협동의 충분조건이다. 즉, 나에게 부족한 점을 일방적으로 타인에게서 얻어내려는 것이 아니라 그것을 통해 서로가 좀 더 세상을 잘 살아낼 수 있다는 점에 협동의 진정한 의미가 있다. 자립, 자율, 독립, 주체성 등의 가치가 높이 평가되는 시대다. 하지만 사람은 결코 혼자서는 살아갈 수 없다는 사실을 아이들이 알아야 한다.

요즘은 긍정 과잉의 시대다. 누구든 마음만 먹으면 무엇이든 할 수 있다고 부추긴다. 하지만 경쟁에서 밀리면 모두 개인의 책임이고 자립심이 부족하기 때문이라고 몰아세운다. 힘들어도 친구에게 도와달라는 말도 못 한다. 도움을 주고받는 상호의존의 마음가짐은 자율성 이상으로 우리 아이들에게 필요하다. '어려운 사람을 도우며 살라'는 말 이상으로 '너도 누군가로부터 도움을 받으며 살아야 한다'는 말이 필요하다.

협동심을 기르려면 자신의 부족함을 성찰하고 그 부족함을 보충하기 위해 타인에게 당당하게 요구할 줄 알아야 하고, 또 그 요구가 타인에게도 도움이 되어야 한다. 한 복싱 선수가 있었다. 1994년 WBA Jr.밴텀급 챔피언이었고, 현재는 제약회사의 영업부장이다. 어릴 때 아버지의 사업실패로 도망치듯 상경하여 복싱에 매달렸고 챔피언의 자리에 올랐다. 선수생활을 마치고 제약회사에 입사했는데 줄곧 170명의 영업사원 중 매출 1위를 고수하고 있단다. 운동선수 출신이 제약회사에서 영업 1등? 그의 비결은 무엇일까? 2014년 〈조선일보〉 기사에 그 해답이 나와 있다. 그는 IMF 경제위기 다음 해에 입사를 했는데 경쟁률이 무려 88 대 1에 달했다. 대부분의 입사 동기들이 생물학이나 화학을 전공했는데 그는 아예 공부에 대한 개념이 없었기 때문에 신입사원 시절 제품 이론 공부에 큰 어려움을 겪을 수밖에 없었다. 테스트마다 꼴찌를 면치 못했다던 그가 어떻게 이 격차를 극복했을까? "모릅니다. 가르쳐주십시오." 그는 솔직하게 대답했고 적극적으로 질문했고, 결국 그것이 가장 당당하고 현명한 길이었다고 말한다.

자신의 부족함을 아는 게 중요하다. 당당하게 몰라야 한다. 이런 당당함이 있어야 부족한 부분에 대해 도움을 받고 또 언젠가는 상대방에게 도움을 줄 수 있다. 아이들이 다니는 학교에 이를 적용해보자. 수학을 못하는 친구가 도움을 청하고, 이에 대해 수학을 잘하는 친구들이 함께 도우면 협동의 가치를 더할 수 있을 것이다. 실제로 이런 학습을 권장하는 세계적인 명문학교도 있다. 미국에서 '고교 하버드'라고 불린다는 필립스 엑시터 아카데미(Phillips Exeter Academy)가 바로 그곳이다. 이 학교 곳곳에는 '자신만을 위하지 않는'이라는 뜻의 라틴어 'Non Sibi'가 쓰여 있단다. 2014년 8월 4일 〈중앙일보〉에 이 학교의 수업 모습이 소개됐는데, 교실마다 '하크니스'라 불리는 원형 테이블이 있는데 여기서 교사 한 명과 학생 열두 명이 둘러앉아 수업을 한다. 학생들은 일방적 강의를 듣는 게 아니라 팀별 과제 발표와 토론을 통해 스스로 학습하고, 공부는 '남에게 배우는 것'이 아니라 '지식을 나누는 것'이라고 생각하기 때문에 수업을 하면서도 협동을 가장 중시한다고 한다.

협동은 혼자가 아닌 여럿이 있을 때 가능한 덕목이다. 협동이 야말로 어느 한 단어로, 한 문장으로 표현할 수 없는 '인성의 종합 예술'이다. 다시 한 번 강조하지만 협동을 하려면 내가 모든 것을 가지고 있지 않다는 자각을 최우선적으로 해야 한다. 나 자신의 부족함에 대한 성찰이 있어야 비로소 협동에 이르는 길의 출발점에 설 수 있다. 자신의 부족함이 무엇인지 모르는 아이들에게 협동의 개념은 정확하게 전달될 수 없다. 어느 날 둘째 준서에게 "네가 부족한 게 뭐라고 생각하니?"라고 물었다. 준서는 말했다. "민철이는 레고 제일 비싼 게 있는데 저는 없어요." 이런 것을 자신의 부족한 점이라고 생각해서는 협동의 길에 이를 수 없다(준서야, 협동을 알려면 조금 노력해야겠다).

단순히 '소유하지 못함'을 자신의 부족함으로 여겨서는 곤란하다. 그보다는 혼자의 힘은 약하다는 것을, 이 멋진 세상을 살아나가려면 나 혼자의 힘만으로는 부족하다는 것을 알아야 한다. 협동은 '긍정적인 결핍의 정신'을 필요로 한다.

혼자는 약해도 함께는 강하다

우리는 형제로서 함께 살아가는 것을 배워야 한다.
그렇지 않으면 바보로서 다 같이 멸망할 따름이다.
– 마틴 루터 킹 2세(Martin Luther King, Jr.)

우리 아이들에게 협동의 중요성을 어떻게 설명할 것인가. 협동을 하지 않으면 어떻게 되는지 설명하면 될까?

"협동하지 않으면 우리 주위의 모든 것들이 아무 의미가 없게 되겠지?"

막연하다. 그래서 무엇이 어찌 된다는 말인가. 그렇다면 협동하는 이유를 설명해보는 것은 어떨까?

"사람은 혼자서는 살 수가 없어. 그래서 협동을 해야 해. 나 혼자 모든 것을 할 수는 없어. 내가 혼자 할 수 없는 일이라도 협동하면 해결할 수 있는 경우가 많아. 그러니 협동해야 해."

뭔가 알 듯 한데, 여전히 구체적이지 못하다. 우리는 왜 협동해야 하는 걸까? 아니, 협동이 중요한 것은 알겠는데 왜 이렇게 협동의 구체적인 필요성을 설명하기가 어려운 걸까? 우리 아이들에게 협동을 어떻게 설명할 것인가? "함께하면 혼자보다 효과적이고 포기하지도 않게 된다"고 아이에게 말한다고 해보자. 이에 대해 아이가 '혼자 하는 게 더 낫다'고 대답한다면 어떻게 할 것인가.

요즘 한 사람의 힘만으로 할 수 있는 프로젝트는 거의 없다. 아무리 뛰어난 개인이라 할지라도 프로젝트를 혼자서 해내기란 쉽지 않다. 함께 힘을 모아 일을 처리해야 한다. 언제부터인가 가수들도 떼를 지어 나온다. 일종의 협동이다. 그룹 안에서 한 명은 비주얼 담당, 또 한 명은 댄스 담당, 또 한 사람은 보컬 담당 등으로 각자의 역할을 협동이라는 정신 아래 해낸다. 그래서 더 큰 인기를 이끌어낸다. 과거의 가수는 한 명이었다. 전영록, 백지영, 신승훈, 김건모 등. 하지만 이제는 가수 하면 그 그룹이 몇 명인지가 더 궁금해지는 현상까지 생겼다. 누가 누군지 이름을 외우기도 힘들 지경이다. 어쨌거나 이제는 노래도 협동이 잘되어야 인정받는 시대라는 걸 아이들에게 말하면 이해가 쉽다. 혹시 아이들이 스포츠를 좋아한다면 이렇게 설명해도 좋을 것이다.

"준서야, 농구 알지? 농구는 거친 몸싸움이 많고 많이 움직여야 하기 때문에 수비와 공격을 협동해서 해야 해. 협동을 해야 공격할 때는 패스를 해서 슛 찬스를 낼 수 있고, 수비할 때도 더 효율적으로 상대편을 막을 수 있어."

우선 협동의 이유, 그리고 효과를 아이들에게 알기 쉽게 설명해주면 협동의 개념도 자연스럽게 익힐 수 있을 것이다.

함께하는 기술 익히기

재능은 게임을 이기게 한다.
그러나 팀워크는 우승을 가져온다.
- 마이클 조던(Michael Jordan)

내가 회사에 입사할 때만 해도 팀이라는 개념이 없었다. 조직
은 '과' 혹은 '부'로 나뉘어 있었다. '영업기획부 영업지원 2과' 이런
식이었다. 위계질서가 엄격했다. 각자의 역할보다는 함께하는 일의
수행 여부가 더욱 중요했다. 사수, 부사수라고 해서 선배 한 명과
후배 한 명이 묶여 하나의 작은 조직처럼 일했다. 반면 지금은 '팀
제'다. 각 개인의 업무분장이 뚜렷하다. 말단 신입사원과 고참 과장
이 동등한 선에서 경쟁하는 체제이기도 하다.

팀제도 나름의 장점이 있는 것은 사실이다. 하지만 팀 내부에
서의 경쟁이 과도할 정도로 치열하다. 서로에 대한 협력과 공존보
다는 경쟁과 실적을 우위에 두고, 성공과 실패가 극명하게 갈린다.
협동의 정신은 희박해져간다. '팀제'를 선택한 많은 기업들이 '팀워
크'를 강조하고 중시하는 이유도 여기에 있다. 팀워크란 팀의 구성

원들이 공동의 목표를 달성하기 위하여 각 역할에 따라 책임을 다하고 협력적으로 행동하는 것을 이르는 말이다. 즉, 팀워크란 같은 팀 멤버들 간의 협동이다. 서로를 믿고 의지해야만 생겨날 수 있는 연대감이다. 공동체에 꼭 필요한 요소다.

공동체라는 말을 많이 한다. 공동체 의식이 희박해졌다고 한탄들을 한다. 공동체는 신뢰를 먹고 산다. '신뢰'라는 가치를 경제학 개념으로 도입한 학자가 있는데 바로 프랜시스 후쿠야마(Francis Fukuyama)이다. 그는 신뢰의 범위를 중심으로 가족과 혈연 사이에만 신뢰가 존재하면 저(低)신뢰사회, 혈연을 넘어 공통 관심사에 관하여 공동체를 형성하고 가치를 공유하면 고(高)신뢰사회라고 나누었는데, 신뢰 기반이 없는 나라는 사회적 비용의 급격한 증가로 선진국 문턱에서 좌절하고 말 것이라고 경고했다.

2014년 영국 레가툼 연구소가 142개국을 대상으로 한 사회자본 지수조사에서 '최근 타인을 도운 적이 있는가?', '대다수 사람들을 신뢰할 수 있는가?' 등의 설문으로 국가별 신뢰도, 즉 사회자본 지수 순위를 측정했더니 1위는 노르웨이였고 한국은 69위에 그쳤다. '대부분의 사람을 신뢰할 수 있다'는 문항에 노르웨이 조사 대상의 74.2퍼센트가 그렇다고 말한 반면에 한국은 조사 대상의 25.8퍼센트만이 그렇다고 답했다.

EBS <지식채널e>

한국은 후쿠야마의 정의에 따르면 저(低)신뢰사회다. 그렇다면 과연 어떠한 실질적 활동을 해야 우리의 공동체를 유지하고 사회적 신뢰도를 높일 수 있을까? 협동이다. 나의 부족함을 알고 타인에게 도움을 요청할 수 있어야 한다. 상대방에 대한 신뢰 없이는 도움을 바랄 수 없기 때문이다. 안타깝게도 서로를 믿지 못하는 사회, 극단적인 경쟁사회로 치닫게 되면서 우리는 스스로에게 부족한 부분이 무엇인지 잊어버렸으며 그 과정에서 타인에 대한 신뢰도 함께 버렸다.

협동을 통해 함께하는 기술을 익혀야 한다. 일단 가정에서부터 말이다. 아이가 자신에게 부족한 점이 있을 때에는 적극적으로 부모에게 도움을 요청할 수 있어야 하고, 또 부모는 그에 대해 적절하게 도움을 줄 수 있어야 한다. 그래야 신뢰지수가 가정에서 사회로 그 영역을 확장하여 높아질 수 있을 것이다.

만들게 하기, 만들어주기, 함께 만들기

레고, 우리 아빠들의 영원한 숙제다. 이유는 단 하나다. 무지하게 비싸다. 유니클로에서 옥스퍼드 남방에 스트레이트 팬츠에, 양말에, 최첨단 소재의 팬티까지 모두 사도 레고 '조금 좋은' 패키지보다 싸다. 아빠는 옅은 줄무늬의 푸른색 남방 하나 사는 것도 고민을 하는데, 우리 아이들은 그런 남방 서너 개 이상을 살 수 있는 레고를 사달라고 '땡깡'을 부린다.

좋다. 뭐, 매일 사주는 건 아니지 않은가. 생일이나 어린이날 등에 큰맘 먹고 사줄 수 있다. 둘째 준서도 이번 어린이날에 결국 레고 하나를 '특템'했다. 5만 원이 넘는 만만치 않은 가격이 부담됐지만 우리 아빠들은 장난감 박스를 들고 흐뭇해하는 아이를 보면 그 비싼 가격도 슬쩍 잊고 만다. 집에 와서 형과 동생한테 있는 자랑, 없는 자랑을 다 하고는 박스를 풀어헤친다. 문제는 그때부터였다. 한동안 끙끙대던 준서, 수없이 많은 장난감 부속품이 어지럽게 널린 자신의 방으로 나를 데려가더니 이렇게 말한다.

"아빠, 만들어줘요."

마흔 넘어 노안이 왔다. 가까운 곳에 있는 것을 보기가 불편하다. 레고의 작은 부속품들을 들여다보면 눈이 아프다. 비싼 거라서 그런지 부품도 무지하게 많았다. 설명서의 글자는 왜 그리도 작은지. 아, 쉬려고 했는데 쉬기는커녕 이제부터 고생길이다. 자, 이제 아빠의 선택이 필요한 순간이다. 아이가 만들다 만 조립식 장난감을 두고 도와달라고 부탁했다면 당신은 어떻게 할 것인가.

1. 하지도 못할 걸 왜 사달라고 그랬어!
2. 끝까지 혼자 해야지!
3. 어렵지? 아빠가 해줄까?
4. 같이 만들어볼까?

고백한다. 나는 주로 1번을 선택했다. 괜히 신경질이 났다. "비싼 돈 들여서 사줬는데 만들지도 못하고, 앞으로 다시는 사주나 봐라!" 하며 화를 냈다. 일부 아빠들은 2번처럼 말한다. "야, 그냥 네가 알아서 끝까지 만들어"라고 말이다. 아이에게 인내심을 길러주겠다는 생각으로. 하지만 아이는 인내심 대신 쉽게 거절해버리는 아빠의 태도에 적개심만 키울 것이다. 이 책을 읽는 당신은 아마 3번을 선택하는 자상한 아빠일 것으로 생각된다. 하지만 이 선택은 아이들이 자신의 부족함을 알고 협동의 덕목을 배울 수 있는 기회를 놓치게 하는 결과를 낳는다. 4번, 즉 협동의 방법을 자연스럽게 익힐 수 있는 선택을 해야 한다.

"그래, 우리 함께 만들어보자. 내가 몸통을 조립해볼 테니 너는 이 작은 부품들을 정리하고 있어볼래?"

협동은 상대가 부족하다고 느끼는 것을 무시하는 것도 아니고, 바로 채워주는 것도 아니다. 부족하다고 느끼는 아이에게 어떻게 해야 그 부족함을 채울 수 있는지 방법을 알려줘야 올바른 협동을 실천할 수 있다. 협동은 '좌절에 대한 기대'를 전제로 한다. 아이들에게 협동이 필요한 이유다. 아이는 성장의 단계에 맞추어 감당할 수 있는 좌절을 이겨내는 법을 배워야 한다. 모든 장난감을 다 소유할 수 없다는 것을 배워야 하고, 먹고 싶은 모든 과자를 다 먹을 수 없다는 것을 배우면서 욕망을 조절할 수 있어야 한다. 이때 자신의 부족함을 이해하고 또 그것을 보충하는 것을 부끄러워하지 않는 아이로 성장시키는 것이 협동이라는 인성 덕목의 효능이다.

인성의 한 덕목으로서 협동에 대해 이야기했다. 우리 둘째 준서 자랑으로 끝내볼까 한다. 셋째 수민이는 협동을 자신에게 부족한 부분을 보충하기 위한 그 무엇이라고 말했다. 준서는 어떻게 말했을까? 오랜만에 준서에게 팔베개를 해주면서 물어봤다.

아빠 : 준서야, 협동이 뭐야?

준서 : 아빠, 또 왜 그런 걸 물어봐.

아빠 : 그냥, 잘 모르면 말하지 않아도 돼.

준서 : 음…… 협동은 기억과 아가 만나서 가가 되는 거야.

아빠 : 응? 그게 무슨 소리야?

준서 : 아빠도, 참. 가가 되려면 기역에다가 아가 있어야 하잖아. 그게 협동

이지.

아빠 : 아하, 'ㄱ + ㅏ = 가'라고?

준서 : 응, 바로 그거지.

협동에 대해 온갖 어려운 말을 쓰는 어른들이여, 이제 갓 열
살 된 준서에게 우리 같이 좀 배우자. 그리고 준서를 가르쳐주신 선
생님들, 감사합니다!

Part 03

인성으로 나를 만나다

움직이기

{ 몸 }

아이들은 왜 뛰어다닐까?

놀더라도 예의는 지켜라.
-라틴 속담

아내가 아침부터 분주하다. 일요일 아침, 간만에 늦잠이나 실컷 잘까 했는데 아이들을 재촉하는 소리가 요란하더니 나를 깨운다. 요지는 아이들을 '에너지 관련 체험활동'을 시켜야 하니 차로데려다 달라는 거다. 상암동 월드컵 경기장 부근에 '에너지 뭐뭐뭐 전시관'이 있다던가, 그러면서 말이다. 하아, 일요일 늦잠은 끝났다. 잠이 덜 깬 채로 세수도 생략하고 모자를 눌러쓰고 집을 나왔다. 강변북로를 지나 월드컵 경기장 맞은편 주차장에 차를 세웠다. 아이들과 '빠이빠이'를 했다. 두 시간 후에 만나자고 했다. 카페에서 모자란 잠이라도 보충하고 있어야지.

카페 찾기가 힘들었다. 간신히 한구석에 있는 커피 전문점을 찾았다. 한적한 게 마음에 들었다. 에스프레소를 한잔 시켰다. 가방에 대충 집어넣었던 책을 펴서 읽기 시작했다. 무슨 책이었더라, 기억이 안 난다. 기분이 좋아졌다. 조용한 아침 카페의 커피 냄새는 늘 좋다. 평화로움, 한가함, 뭐, 그런 여유로운 기분. 마음이 편해졌다. 한 아이가 엄마, 이모(나중에 이들의 친인척 관계를 알게 되었다)와 함께 카페 문을 열고 들어오기 전까지 말이다. 평화가 와장창 깨졌다. 수많은 빈자리를 놔두고 하필 내 옆자리를 그들이 차지하면서부터. '아줌마 수다'가 시작되었다. 두 여자의 남편이 무엇을 하는지 다 알게 되었다. 이모라는 사람이 시댁과 겪는 갈등에 대해서 조언을 할 수 있을 정도로 정보가 쌓여갔다. 아이들 미술학원 보내는 것 하나에도 얼마나 많은 고뇌가 요구되는지도 느꼈다. 남편의 직업, 그리고 잠버릇까지 들어야만 했다.

하지만 나의 여유로운 일요일 아침시간을 제대로 망쳐버린 주인공은 따로 있었다. 초등학교 3~4학년쯤 된 여자아이였다. 그래, 멀쩡하게 생겼다. '정상적인 가정교육을 받은 것처럼 보이는 아이'였다는 말이다. 이렇게 생긴 애가 예상외의 행동을 하면 더욱 놀라게 된다. 무슨 행동을 했냐고? '씽씽카'를 아는가? 거, 뭐냐, 스케이트보드같이 생겼지만 다소 얇은 폭으로 앞뒤에 바퀴가 하나씩 달려 있고, 옛날 옛적 '스카이콩콩'같이 생긴 막대기가 달린 장난감 같은 것? 하여간 거기에 애가 올라타더니 자기네 엄마와 이모가 앉아 있는 원형 탁자 주변을 뱅뱅 돌기 시작하는 것이었다. 그러더니 내 바로 옆으로도 돌기 시작한다. 탁자 주변을 '씽씽' 달리기까지.

탁자가 좁은 편이었다. 에스프레소 잔을 하나 놓고 책까지 읽는 상황이다 보니 자꾸만 부딪칠 것 같은 생각에 책의 글자가 눈에 들어오지 않았다. 나뿐이랴. 카페에 있던 몇 안 되는 사람들이 모두 눈치를 주고 있었다. 힐끔힐끔 쳐다보면서 말이다. 그럼에도 불구하고 그 엄마랑 이모는 자기들만의 수다에 빠져 아무런 제재를 취하지 않았다.

기가 막혔다. 우리의 전통적 유교사회는 부끄러움을 인간의 마음과 행동의 근본이라고 했다. 하지만 수단과 방법을 가리지 않고 성공해야 하는 오늘날에는 이런 염치를 아는 자세가 홀대받고 있다. 염치없는 사람들 때문에 평화를 빼앗긴 나, 분노할 수밖에 없다. 그때 나의 심정은 어땠을까. 용서, 관용, 이해? 아니다. '저러다가 그냥 엎어져서 확 다쳐버려라' 하는 생각이 가득했다. 말이 거칠었으면 용서해달라. 그 엄마에게 할 소리가 아닌 것도 안다. 하지만 애가 저리 날뛰는데 아무 생각 없이 그냥 자신들만의 대화에 빠진 엄마라면 나의 거친 소리를 들어도 마땅하다.

'맘충'이라고 들어봤는가. 요즘 한창 인터넷이니 기사에 등장하고 있는 별로 유쾌하지 않은 단어다. 〈머니투데이〉 8월 기사에 따르면 '맘충'이란 '자녀 사랑을 핑계로 몰지각한 행동을 하는 엄마'를 일컫는 말인데, 주로 카페나 음식점, 대중교통 등 사람들이 많이 모인 장소에서 자녀의 돌발행동을 방조하거나 두둔하는 엄마에게 쓰인다고 한다. 그리고 기사 말미에는 이러한 구절이 실려 있었다. '자신에게는 끔찍하게 사랑스러운 아이도 타인에게는 그저 남일 텐데, 이런 사실을 모르는 일부 엄마들 때문에 전체 엄마가 욕을 먹고 있다. 엄마라는 숭고한 이름이 어쩌다 혐오의 대상으로 전락했는지 씁쓸하다.'

우리의 아이들이 때와 장소를 가릴 줄 알았으면 좋겠다. 그건 아이, 어른을 떠나 시민사회의 구성원으로서 기본적 자질 아닌가. 어느 심리학 책에서 8세에 또래들로부터 공격적이라고 평가되었던 아이들은 30대까지 범죄를 저지를 가능성이 높다는 이야기를 봤다. 물론 '씽씽카'를 타고 달린 아이가 폭력적이라는 말은 아니다. 하지만 이렇게 아무 데서나 날뛰는 아이라면, 주변 사람들의 불편이나 불안을 전혀 생각하지 않는 아이라면, 미래에 폭력적이 될 가능성이 있지 않을까 하는 것이 나의 생각이다.

　한편으로는 이러한 현상에 대해 안타까운 마음이 드는 것도 사실이다. 우리 엄마들이 언제까지 '맘충' 소리를 들어야 하는 걸까. 요즘에는 육아에 적극적인 아빠들도 늘어났으니 '빠충'도 점점 많아질 것이다. 이렇게 된 이유는 여러 가지로 분석해볼 수 있다. 아이들이 과거보다 움직일 기회가 많지 않다는 것도 그 중요한 원인 중 하나라고 생각한다. 무조건 공부만 강조하는 분위기 속에서 아이들의 활동공간은 점점 좁아지고 있다. 그러니 오랜만에 널찍한 공간을 만나면 뛰어다니고 싶은 게 당연한 것 아닐까.

애들은 움직여야 정상이다

/

운동은 체액을 적절한 몸의 통로로 보내고
불필요한 여분을 없애며 몸의 순환을 돕는데,
운동을 안 하면 몸은 활력을 유지할 수 없고
영혼은 생기를 잃는다.
- 조지프 애디슨 (Joseph Addison)

아이가 무슨 잘못이 있겠는가. 뛰어다니는 아이는 정상이다. 문제는 부모다. 자기 아이가 다른 사람에게 손가락질을 받는 상황인데도 그것을 알아채지 못했다. 아니 알아챘더라도 '뭐, 어때, 사고만 안 나면 되지'라고 생각하는 보호자였다. 정말 보호자라는 말이 아깝다. 타인의 감정 따위는 아랑곳하지 않는 '공감능력 제로'의 어른이다. 타인에게만 무관심한 사람들이 아니다. 자기 아이에게도 무심하다. 소중한 아이를 방치한 죄는 그 무엇보다도 더 크다.

아이가 카페에서 '씽씽이'를 타고 국가대표 쇼트트랙 선수처럼 탁자를 코너 삼아 돌고 있는 이유는 무엇인가. 아이들의 기(氣)를 평소에 풀어주지 못했기 때문이다. 아이들은 움직이게 해야 한다. 틈만 나면 아이들을 데리고 나가서 '뺑뺑이'를 돌려야 한다. 몸의 열을 빼내야 차가운 머리가 되고 그래야 아이도 부모들이 원하는 공부할 준비를 할 수 있다.

몸이 펄펄 끓고 있는데 무슨 공부인가. 아이의 머리를 식히기 위해 필요한 것은 파워에이드나 팥빙수가 아니다. 몸의 열을 뽑아내는 운동이 필요하다. 하지만 우리는 "공부나 해!"라면서 아이를 책상 앞에 눌러앉힌다. 놀지 못하는 애들은 미쳐버린다. 아이는 움직여야 하고 놀아야 한다. 우연히 초등학교 4학년 여자아이가 쓴 글을 인터넷에서 본 적이 있다.

"제가 4학년 여자인데요. 걱정이 하나있어요. '어른스러워져야지' 생각을 해도, 계속 다시 미친 듯이(?) 놀더라고요. 어른스러워지는 법 좀 알려주세요! 내공 100 겁니다!"

어른스러움의 반대는 노는 것, 움직이는 것인가. 노는 데에도 아이들이 죄책감을 가져야 하는 사회를 만든 건 누구인가. 어른이다. 중·고등학생이 되면서 학원폭력이 생기는 이유는 무엇인가. 초등학교 때 제대로 발산하지 못해서 쌓인 나쁜 기운이 타인에 대한 괴롭힘으로, 폭력으로 폭발하는 것이다. 의도적인 폭력이나 괴롭힘만 문제가 되는 것은 아니다. 부주의한 몸놀림은 언제든 사고로 이어질 수 있다. 교보문고 국물 사건을 기억하는가.

서울 종로경찰서에서 만난 A씨(53)는 "세상이 너무 무섭다"며 울먹였다. 인터넷에서 '국물녀'로 알려진 A씨는 "경황이 없어 아이가 많이 다쳤다는 것을 몰랐다"고 설명했다. 지난 20일 서울 종로구 교보문고 식당가에서 된장국을 들고 가던 A씨는 갑자기 달려 나온 아이와 부딪혀 국물을 쏟았다. 손에 화상을 입은 A씨는 직원의 도움으로 응급처치를 받았고, 아이도 다쳤다는 것을 알았지만 상처가 심할 거라 생각하지 못했다. 또 아이 엄마가 아이와 함께 화장실에 간 것을 집에 간 것이라 오인해 자리를 떴다. 그러나 아이의 부모가 인터넷에 '아이 얼굴에 된장국물을 쏟고 사라진 여성을 찾는다'는 글을 올리면서 평범한 주부였던 A씨는 하루아침에 극악한 범죄자로 낙인찍혔다.

<세계일보> 2012년 2월 29일

이 사건의 전후 상황을 잘 모를 수도 있을 테니 유튜브에 올라온 동영상과 사건의 개요를 소개하면 다음과 같다. 교보문고 푸드코트에서 어느 여성(위 기사의 A씨)이 뜨거운 국물이 포함된 음식을 받고 자신의 자리로 가던 중 아이와 부딪혔다. 아이는 어디론가 사라졌다. 며칠 후 아이의 엄마가 아이가 뜨거운 국물에 화상을 입었는데 피해자가 사과도 안 하고 갔다고 억울함을 호소했다. 화상을 입은 아이의 치료 사진을 올렸고 이에 네티즌은 분개했다. A씨는 졸지에 '교보문고 국물녀'가 되어버렸다. 하지만 후에 CCTV가 공개되자 반전이 일어났다. 현장을 담은 CCTV에는 아이가 쏜살같이 달려와서 뒤편에서 A씨를 받아버리고 어디론가 사라져버리는 장면이 담겨 있었다. 네티즌의 화살은 아이의 엄마에게 돌아갔다.

우리가 평소 흔하게 볼 수 있는 '소란스럽고 행동에 조심성 없는' 아이의 잘못이고 결국 그 아이를 제대로 교육시키지 못한 엄마의 잘못이라는 것이다. 글쎄, 누가 잘못한 건지는 잘 모르겠다. 다만 우리 아이들이 위험한 푸드코트에서까지 날뛸 수밖에 없는 이유가 무엇인지 부모들이 한 번쯤 생각해봤으면 한다. 아이들이 에너지를 발산하지 못하고 있다가 이렇게 다소 넓은 장소에만 나오면 흥분하게 되어버린 것이 우리 부모들 탓은 아닌지 말이다.

함께 걸을 때 행복해하는 아이

운동만으로도 정신적, 육체적 혜택을 얻을 수 있다.
하지만 운동할 때 정신을 집중하는 전략을 함께 채택한다면,
엄청난 정신적 혜택을 아주 빠르게 얻을 수 있다.
- 제임스 리피(James Rippe)

가만히 있지 못하는, 그래서 결국에는 가만히 있어야 할 실내에서 '난리를 치는' 아이를 위해 우리 부모가 할 수 있는 것은 무엇일까? 간단하다. 함께 걸으면 된다. 가능하다면 따로 시간을 마련하여 규칙적으로 아이와 걷는 기회를 갖도록 하자. 자녀교육의 출발점이 무엇이냐고 묻는다면, 아이 인성교육의 출발점이 무엇이냐고 묻는다면 '함께 걷기'라고 말하겠다. 어디서 걸을 것인가. 관광지? 놀이동산? 아니다. 특별히 볼 것이 없는 곳이 더 좋다(무엇인가를 보는 데 집중해야 하는 곳은 그리 추천하고 싶지 않다. 아무래도 아이와의 대화시간이 부족해지기 때문이다). 아이와 함께 걷기에는 두 가지 장점이 있다. 첫째, 아이가 몸에 지닌 충만한 에너지가 세상과 만날 수 있게 된다. 이는 우뇌의 발달에 도움이 된다. 내가 전에 썼던《내 아이를 바꾸는 아빠의 말》을 인용하도록 하겠다.

초등학교 저학년 이전에 우뇌가 발달하는데, 이때 아빠의 역할이 중요합니다. 아빠와 함께 달리거나, 팔씨름을 하거나, 업어주거나, 이렇게 몸을 쓰는 활동을 아이는 '놀이'라고 인식하며, 이런 놀이가 아이의 우뇌를 자극합니다. (중략) 스마트폰 등의 디지털 기기를 가까이하는 아이들은 좌뇌를 자극받는다고 합니다. 그래서 우뇌의 자극은 상대적으로 줄어들게 되는 거죠. 그래서 아빠와 함께하는 신체활동이 중요합니다. 우리 아이의 좌뇌와 우뇌의 발달 균형을 맞추기 위해서라도 아이에게 '놀이말'을 해보십시오. 날이 추우면 점퍼를 걸치고, 더우면 가벼운 옷차림으로 말이죠.

아이와 함께 걷는 것의 두 번째 효용은 부모와 아이가 함께 대화할 수 있는 시간과 장소를 얻을 수 있다는 것이다. 아이와의 대화시간에 대해 생각해보자. 하루에 아이의 눈을 보면서 대화하는 시간이 얼마나 되는가? 아니, 우선 우리가 지금 당장 아이와 대화해야 하는 이유는 무엇인지부터 알아보자. 이유는 간단하다. 아이와 대화할 시간이 얼마 남지 않았기 때문이다. 아이의 인생을 놓고 보자. 아이에게 부모가 필요한 시간은 10년도 남지 않았다. 어쩌면 2~3년밖에 남지 않았을지도 모른다.

우리 아이들의 사춘기에 관한 두 가지 이야기를 들었다. 사춘기가 되면 뇌에서 보상을 담당하는 부분의 민감도가 떨어져서 아이들이 어지간한 칭찬이나 꾸중에는 반응을 하지 않는다고 한다. 또 자아—사회적 상호작용이 내면화된 결과—가 강해지면서 다른 사람을 자기 편 혹은 적이라는 이분법적 사고로 구별한다고 한다.

그렇기에 아이에게 '의도적으로 친밀하게 접근할 필요'가 있다는 거다.

마음이 급해진다. 아빠로서 좀 더 노력해야겠다는 생각이 든 다. 초등학교 때까지 아빠는 슈퍼맨이자 거인이다. 하지만 사춘기 가 되면 아이들도 아빠가 평범한 사람, 한 사람의 사회인에 불과함 을 안다. 아이가 사춘기가 되었을 때 아빠가 아이와 눈높이를 맞추 고 미래에 대해 상담도 해주고 현실적인 비전을 제시할 수 있으려 면 친밀감이 전제되어야 한다. 거기서 더 성장하면 아이와 아버지 는 인생의 동료이자 동반자가 되어, 서로를 격려하고 도와주는 관 계를 형성해야 한다. 이렇게 아버지와 아이의 관계, 아버지의 육아 는 연령에 따라 변화해야 한다.

그러니 아직 아이들이 아빠를 있는 그대로 좋아할 때 아빠가 먼저 달려들어야 한다. 피곤한 거 안다. 하지만 노력해야 한다. 필 요할 때는 아이와 즐거운 시간을 보내는 척이라도 해야 한다. 아이 가 사춘기가 되기 전에 부모가 해야 할 일은 아이와 함께 슬픔을 나누고 격려하며, 아이의 잘한 일에는 칭찬하고 기뻐해주는 것이 다. 아이가 확실한 '자기 편'이라고 인식할 수 있도록 의도적으로 노력해야 한다. 아이를 칭찬하려면, 아이의 어려운 일을 함께 걱정 하려면, 일단은 아이가 무엇을 좋아하는지 무엇을 싫어하는지 무엇 을 원하는지 파악해야 한다.

하지만 그게 그리 만만치가 않다. 그 이유는 부모의 게으름 때 문이다. 의도적으로 노력하지 않았기 때문이다. 혹시 아이를 알기 위한 노력이 아이에게 참견이나 간섭으로 느껴질까 봐 겁이 나는

가? 당신이 엄마라면 몰라도 아빠라면 괜찮다. 아이에 대한 참견이 부족하면 부족했지 넘치지는 않을 테니까. 이는 지난 6월 〈월스트리트저널〉의 기사를 봐도 알 수 있다. 기사에 따르면 훌륭한 양육의 기준이 항상 엄마와 아빠에게 동일하게 적용되는 것은 아니라고 한다. 일례로 많은 척도들은 참견 또는 강요(아이의 놀이를 방해하거나 아이가 하고 싶어하는 게임을 스스로 정하게 하는 대신 골라주는 것 등)를 부정적인 것으로 분류하는데, 엄마가 참견할 때는 자녀가 부정적인 반응을 보이는 경향이 있는 것이 사실이다. 그러나 카브레라(Natasha Cabrera) 교수는 "아빠가 개입할 때는 아이들이 그다지 불만을 갖지 않는다"고 말했다. 연구자들이 이와 같은 미묘한 차이에 주목하고 있다면서, 그녀는 "아빠와 아이가 행복하다면 그건 참견이 아니다"라고 부연했다.

아이와 좋은 관계를 유지하며 다가올 사춘기에 아이의 확실한 아군으로 자리매김하려면 '아이와 함께 걷기'를 일상화하려는 노력을 해보자. 아이가 어릴 때부터 함께 걷고 이야기하면서 추억을 쌓아두어야 한다. 그런 노력이 이후 사춘기, 그리고 그 이상으로 어려운 시기에 추억을 되새기면서 부모와 감정을 나눌 수 있게 해줄 것이다.

가까운 운동장을 찾아가보자. 슬쩍 뜀박질 연습을 해도 된다. 귀찮으면 걷는 것만으로도 충분하다. 대화하면서 함께 땀도 흘려보자. 아이와의 관계가 바뀐다. 아무것도 하지 않고 있다가 뒤늦게 좋은 아빠가 되려고 다가가려 해봤자 아이의 마음에 아빠가 들어갈 자리는 이미 없을지도 모른다. 아이와 함께 걷는 시간은 아이의 추억 속에 좋은 아빠의 모습을 남긴다. 함께 걸으면서 아이에 대한 애정을 표현하고, 아이의 고통에 깊은 관심을 보이면서 친밀한 인간관계를 만들자.

'미러링(mirroring)'이라는 심리학 용어가 있다. 부모가 아이의 거울이 되어 아이의 감정을 따라 해주는 방법이다. 아이가 웃을 때 부모가 공감하면서 같이 웃어주면 '아, 내 감정은 다른 사람의 관심을 받을 만하구나. 그러니 나는 분명 소중한 존재인가 보다!' 하는 느낌이 일어난다는 거다. 이를 통해 아이는 자존감을 키울 수 있다. 그렇다. 아이와 걸으면서 특별한 이야기를 해주려고 애쓸 필요 없다. 그저 아이의 거울이 되어서 아이의 존재를 있는 그대로 비춰주는 것만으로도 아이가 긍정적이고 밝게 성장하는 데 도움이 될 수 있다. 그 과정에서 아이에게 인내심, 성실함, 참을성, 끈기 등이 생기는 것은 기대하지 않았던 보너스일 테다.

걸어야 세상이 보인다

걷기는 최고의 운동이다.
오래 걷기를 습관화하라.
- 토머스 제퍼슨(Thomas Jefferson)

회사 임원이었던 한 남자, 일 중독주의자이며 완벽주의자였던 한 남자가 있다. 스트레스 속에서 쓰러졌다. 지금은 오대산 기슭에서 주말 레저농원을 운영 중이다. 그의 변화된 생활이 2014년 〈조선일보〉에 소개되었는데, 그는 "자연만이 사람을 변화시킬 수 있다"고 말했다. 자연을 통해 지금까지의 삶을 해체하고 새로운 삶의 방식을 다시 조립할 수 있다는 것이다. 그는 1년에 50번 이상 산에 오르는 산꾼이 다 됐는데, 그의 말이 마음에 와 닿는다. "산다는 것은 발끝에 달렸다. 걷고 뛰고 발이 닳아 문드러져야 세상이 보인다."

속세를 떠나 자연 속에서 사는 그의 모습이 완벽하다고는 말 못하겠다. 가족과 떨어져 지낸다는 것도 나에게는 그리 좋아 보이지 않는다. 다만, 몸을 움직여야 산다는 그의 말, 즉 "몸으로 고생을 해야 남는다. 세상은 사변적인 말이나 글로 설명되는 곳이 아니다.

자연은 여간해선 속내를 보여주지 않는다. 몸으로 직접 부딪쳐 땀과 눈물을 흘려야 그 행간의 뜻을 알 수 있다"는 그의 말은 우리 아이들을 어떻게 키워야 하는지 말해주고 있다.

아이들 학교에 바라는 게 있다. 체육시간을 제대로 활용했으면 좋겠다. 내가 초등학교와 중학교를 다니던 때에는 체육시간에 축구공 하나만 있어도 한 시간이 훌쩍 흘러갔다. 점심시간이 되면 테니스공 하나를 들고 운동장에 나가서 친구들과 던지고 받으며 즐거워했다. 몸이 녹초가 되도록 노느라 점심시간 후에는 조는 경우도 많았지만 지금도 운동장에서 온몸으로 받아내던 강렬한 태양이 기억에 선명하다.

그런데 요즘 아이들은 이렇게 운동할 시간을 확보하고 있는 걸까? 체육활동은 중요하다. 단순히 몸만 튼튼하게 하는 게 아니다. 체육활동을 통해 협동이나 규칙 준수 같은 인성의 덕목을 익힐 수 있다. 친구들과 자연스럽게 어울리는 법을 알게 되는 건 물론이다. 아이의 감수성과 사회성을 향상시키고 타인을 배려하는 공감능력을 높이는 데 운동만큼 효과적인 활동도 드물다.

걷고 뛰어야 세상이 보인다. 우리 아이들이 걷고 뛰는 법을 잊으면서 세상 보는 법까지 잊은 게 아닌지 걱정이다. 학교에서의 체육활동이 아이의 걷고 뜀을 모두 충족시킨다고 생각하지 말자. 가정에서도 노력해야 한다. 아이의 손을 잡고 아파트 단지를, 동네 시장을 몇 바퀴 돌면서 걸어야 한다. 걸어야 세상이 보이고 뛰어야 세상을 살아낼 수 있다. 실제 연구에 의하면 걷기의 효능은 그 이외에도 많다.

얼마 전 〈SBS 뉴스〉에서도 걷기의 장점에 대해 다루었는데 피츠버그 대학에서는 걷기가 기억능력을 향상시키고 치매를 예방한다는 연구 결과를 내놓았고, 스탠퍼드 대학에서는 걷기가 앉아 있는 것보다 창의력을 60퍼센트 이상 증가시킨다는 실험 결과를 내놓았다. 해마는 기억 형성에 매우 중요한 역할을 하는데, 걷기가 이 해마의 크기를 증가시킬 수 있다는 것이다. 전문가들은 걷기가 뇌 기능을 향상시키는 아주 좋은 방법이라고 입을 모았다.

걷고 뛰는 것이 너무나 단순하고 당연한 일이라고 생각할 수도 있다. 그렇다면 아이와 함께 움직일 수 있는 다른 활동을 찾아내도 좋다. 개인적으로 야구를 좋아하는데, 아빠가 좋아하다 보니 아이들도 야구를 재미있어 한다. 실제로 하는 것도 좋아하며 보는 것도 즐거워한다. 첫째인 준환이는 밖이 환하기만 하면, 그리고 내가 집에 있으면 늘 이렇게 말한다.

"아빠, 캐치볼 해요."

한 시간 남짓 공을 주고받고 나면 아이와 좀 더 친밀해진 느낌이 든다. 몸으로 소통하는 부자관계, 좋지 아니한가. 혹시 주말에 시간이 난다면 아이와 아빠, 둘만의 데이트(!)를 즐기는 것도 추천한다. 우리 아이들이 좋아하는 것 중의 하나가 바로 자전거 타기다. 팔당역에서 양수역에 이르는 자전거 길은 그 자체만으로도 환상적인데 아이와 함께하는 시간이기에 더욱 소중하다. 아빠에게는 맑은 공기를 쐬며 일주일 동안 사무실에 묶여 있던 몸을 움직이는 기회가 되며 아이에게는…… 음…… 맛있는 컵라면과 아이스크림을 엄마 눈치 보지 않고 마음껏 먹는 찬스가 된다. 어쨌거나 아이들은 아빠가 자전거 타자고 하면 좋아서 시쳇말로 난리 난다. 주로 2인용 자전거를 탄다. 그저 쉽지만은 않다. 평탄한 코스이긴 하지만 그래도 오르막이 있고 내리막도 있다. 햇볕이라도 강하면 힘도 금방 빠지고 땀이 줄줄 흐른다. 좋다고 따라온 아이지만 짜증나고 괴로워지기 시작한다.

아빠 : 이 언덕만 넘으면 내리막이 나올 거야.

준환 : …….

아빠 : 힘들지. 그래도 아빠를 도와야지. 페달을 밟아. 하나 둘, 하나 둘!

준환 : 힘들어요. 엉덩이도 아프고…….

아빠 : 그래, 조금만 더!

준환 : 조금만 쉬어요.

아빠 : 이 고개만 넘자!

준환 : …….

이렇게 힘들고 어려운 여정이지만 목표한 코스를 다녀오면 묘한 쾌감과 함께 생기가 도는 아이의 얼굴을 볼 수 있어서 기쁘다. 힘들다고 하던 아이도 나와 몇 시간 동안의 감정적 교감을 나누어서인지 한층 더 살가워진다. 집에 와서 엄마에게 자랑스럽게 늘어놓는 아이의 무용담을 듣는 것도 재밌다. 아이가 힘들어하는 모습을 옆에서 지켜봐주고 데리고 다니는 것만으로도, 그리고 목표를 완수했다는 것만으로도 아이를 긍정적으로 바라보게 된다. 함께 다니면서 어떤 대화를 나누었는지는 별로 중요하지 않다. 그저 함께 몸을 움직였을 뿐인데 점점 아이에 대한 이해의 폭이 넓어진다는 것이 감사하고 놀라울 뿐이다. 아이 역시 아빠를 이해하게 되는지도 모른다. 서로 상승작용을 한다고나 할까?

하지만 그 무엇보다도 소중한 것은 공부한다고 컴컴한 공부방에 앉아서 고생한 아이가 몸을 움직인 것 아닐까 싶다. 한참 동적에너지를 발산해야 할 시기다. 그런 아이에게 땀을 흘리게 해주는 것, 우리 아빠들이 할 수 있는 가장 중요한 사랑의 교육이다.

어디를 걸을 것인가

진정 위대한 모든 생각은 걷기로부터 나온다.
- 프리드리히 니체(Friedrich Nietzsche)

지난 5일 오전에 찾은 동구 주전초등학교. 2교시를 마치는 종이 울리자마자 학생들이 우르르 운동장으로 뛰어나왔다. 전교생이라고 해봤자 53명에 교사까지 60여 명이 전부. 경쾌한 음악소리에 맞춰 학생들은 손에 손을 잡고 운동장을 걷기 시작했다. 비가 오는 날씨에도 학생들은 우산을 쓰고 친구끼리, 선후배끼리 혹은 선생님과 손을 잡고 운동장을 흥겹게 돌았다. 교감과 교장도 우산을 쓰고 학생들과 함께 걸었다. 학생들의 얼굴에서는 웃음이 떠나지 않았고, 교사들도 덩달아 즐거워했다. 손을 잡고 걷는 동안에는 교사와 학생이 아닌 마치 한 가족 같았다.

<경상일보> 2015년 6월 7일

내가 원하는 학교에서의 교육은 바로 이런 거다. 이런 게 진

짜 교육이 아닌가! 걷는 시간은 아이들의 에너지를 세상과 닿게 하고, 선생님과 아이들이 대화를 갖게 한다. 일상의 소소한 것들을 살펴보는 '진짜 체험학습의 장'이기도 하다. 굳이 버스를 타고 체험학습을 하지 않아도 된다. 아이들 줄 세우느라 힘들고, 아이들 없어질까 진땀 나는 체험학습은 우리 선생님들에게 얼마나 큰 부담인가. 걷기야말로 서로에게 집중하며 대화할 수 있는 최고의 몸동작이다. 아이의 인성에 도움이 될 수밖에 없는 프로그램이다. 운동장 걷기를 도입한 교장선생님 역시 "학기 초에는 서먹해하던 아이들이 이 걷기 운동을 몇 번 하고 나서부터는 친밀도가 크게 높아지고 또 성격도 밝아지고 있다. 이제는 학부모들이 더 좋아할 정도로 체력증진은 물론 학생들의 인성교육 효과가 높다"고 말했는데 나 역시 공감한다. 이런 프로그램을 만들어내는 교육자야말로 교육계의 아인슈타인 아닐까.

요즘 부모들은 아이에게 줄넘기 과외까지 시킨다고 한다. 하지만 평소 부모는 전혀 움직이지 않으면서 아이에게 줄넘기 과외를 시킨다는 것은 코미디다. 언젠가 아내와 다툰 적이 있다. 동네 작은 마트에 가서 물티슈를 사와야 했다. 아내가 차를 갖고 가자고 했다. 물론 주차장도 있는 마트였으니 가져가도 됐다. 하지만 아이들과 함께하는 길, 그것도 불과 3~400미터 거리에 있는 마트에 차를 타고 가야 할까? 마트로 가는 길은 초등학교 운동장을 가로지르는 조용한 코스였다. 물티슈니 혼자 들기에 무겁지도 않았다. 혹시 이것저것 살 게 있다면 아이들과 나눠서 갖고 오면 된다. 낑낑거리며 들고 올 아이들 모습을 안쓰러워하기보다는 스스로 무거운 것을 들고 왔다는 성취감을 안겨줄 수 있는 기회라고 생각하면 된다.

　몸을 움직인다는 것을 너무 어렵게 생각하거나 뭔가 대단한 것을 해야 한다는 고정관념을 버려야 한다. 엄마들 사이에서 말레이시아에 있는 코타키나발루가 인기란다. 아이들이 놀기 좋다나. 의문이다. 아이들이 좋아한다고 거기까지 가서 놀아야 하는 게 정상인가. '피 같은' 월급을 모으고 모아 여행비를 마련해야 한다. 고작 4, 5일 있을 테다. 아이들을 데리고 공항까지 가서 수속을 하고 출국장을 나서고…… 오가는 시간만 각각 하루가 걸린다. 가서 노는 시간은 하루 이틀일 텐데 꼭 그 먼 거리에 가야 아이들과 놀았다고, 아이들이 고마워할 거라고, 아이들의 인성 발달에 도움이 된다고 생각한다면, 그건 아이들과 놀아주는 것이 거창한 것이라는 착각에서 비롯된 것이다. 또는 아이들 교육을 핑계로 여행을 가고 싶어하는 부모의 변명은 아닌지 생각해보자.

　요즘 인기 있는 텃밭체험도 마찬가지다. 굳이 텃밭을 가야 하는 걸까? 서울 근교의 텃밭은 얻기 힘들 정도다. 아이들을 위해 최선을 다하고 싶은 부모들은 생각한다. '그래도 함께 몸을 쓰면서 텃밭을 일궈야 하는 것 아니냐'고. 텃밭을 2~3년 가꿔본 적이 있다. 만만치 않았다. 봄에는 새싹이 나오는 것을 보는 것만으로도 신기했다. 물도 주고, 김도 매면서 나름대로 재미와 보람을 느꼈다. 하지만 6월 장마철을 전후해서 텃밭은 숲이 되어버렸다. 비 온다고 한 주 관리를 건너뛰자 텃밭은 통제불능의 숲으로 자라나버렸다. 잡초, 벌레 등으로 손을 댈 엄두가 나지 않았다. 텃밭이 나쁘다는 게 아니다. 할 수 있다면 적극 추천한다. 열무를, 상추를 수확하는

즐거움이 대단하니 말이다. 하지만 텃밭이 아니면 아이들과 함께할
활동이 없다는 생각은 버리자. 예를 들어 집안 청소를 같이 하는 건
어떤가. 아이와 함께 집을 깨끗하게 만드는 게 텃밭에서 몸 쓰고 집
에 와서 청소하자고 하면 피곤하다고 드러누워 있는 것보다 백배
낫다. 몸을 쓰는 활동, 멀리서 찾지 말자. 일상에, 우리 주변 가까이
에 다 있다.

표현하기

{ 말 }

말하지 않는 아이들

젠틀맨은 교육에 의해 시작되어 대화로 완성된다.
- 토마스 풀러(Thomas Fuller)

여성가족부에서 발간한 〈2014년 청소년 종합실태조사 결과 보고서〉를 보면 주중에 아버지와 대화를 전혀 하지 않는 청소년은 6.7퍼센트이고 한 시간 미만 정도만 대화를 하는 청소년은 56.5퍼센트로 절반을 조금 넘었다. 한 시간 이상 대화를 하는 청소년은 31.8퍼센트로 약 세 명 중 한 명 꼴로 나타났다. 반면 어머니와의 대화시간을 살펴보면 전혀 대화를 하지 않는 비율은 2.6퍼센트고, 한 시간 넘게 대화하는 경우는 53.1퍼센트였다.

그럼 오늘, 아이와 대화를 했는가? 했다면 얼마나 했는가? 무슨 주제로 이야기를 나눴는가? 혹시 대화가 아니라 일방적인 지시를 하지는 않았는가? 가정 내 인성교육에 있어서 가장 큰 걸림돌 중 하나가 '가정 내 대화의 단절'이다. 조금씩 늘고 있다고는 하지만, 과거에 비하면 부모와의 대화시간이 엄청나게 줄어든 것이 사실이다. TV에 인터넷에 게임에, 가족 내 커뮤니케이션 이외에도 아이들에게는 대화할 곳이 무궁무진하다. 그와 함께 아이들이 자신의 감정을 편안하게 노출시키는 커뮤니케이션 훈련 장소로서 가정의 역할이 축소되고 있다. 아이들은 계산적인 세상의 말에 익숙해졌으며, 자신의 감정을 있는 그대로 표현하기보다 타인의 눈치를 보는 말하기에 익숙해졌다.

한 아이가 정직에 대해, 또 배려에 대해 개념적으로 이해했다고 해보자. 정직과 배려가 그 아이의 인성으로 잘 정착되려면 그것을 일상생활 속에서 말하고 또 행해야 한다. 정직이 통용되지 않는 세상, 배려가 우습게 여겨지는 세상에서 아이들은 자신이 배운 인성의 기준으로 말하지 않고 세상의 논리에 휩쓸려버린다. 내가 하고 싶은 말, 내가 알고 있는 것을 표현하고 행동하지 못한다. 가정에서의 대화 연습이 부족한 탓이다.

앞서 살펴보았던 〈2014년 청소년 종합실태조사 결과보고서〉에 따르면 우리나라 중고생의 3분의 1 정도가 자신의 고민에 대해 부모와 대화를 나누지 않는다고 한다. 예를 들어보자. 아이들이 부모와 가장 많이 하는 활동 중 하나는 저녁식사다. 하지만 과연 그 저녁식사 시간에 아이와 부모는 무슨 대화를 하는가. 일주일에 서너 번에 그치는 저녁식사 시간마저도 무의미한 TV 소리, 휴대전화 화면에 귀와 눈을 빼앗기기 일쑤다. 부모와 대화를 하는 연습에 익숙하지 않은 아이들은 결국 사회에 나와서도 말을 잃어버리게 된다.

나부터 반성한다. 퇴근하고도 집으로 향하지 않는 경우가 많왔다. 억지로라도 누군가와 약속을 잡아 삼겹살에 소주 한잔으로 하루의 스트레스를 날려야 마음이 편했다. 바빠서 아이들을 볼 시간이 없다고 변명하면서 하루가 다르게 커가는 아이들과의 대화시간을 낭비했다. 어른보다 더 바쁜 일정으로 학원을 순례하며 선행학습을 하라고 월급을 내놓고는 아빠 역할을 다했다고 생각했다. 아이가 무슨 말을 해도 휴대전화 속 고화질의 야구중계를 보느라 "좀 있다 와서 다시 말해!"라고 한 것 역시 바로 나였다.

말하지 않는 아이들을 만든 건, 사회가 아니라 가정이었다. 엄마, 아빠가 문제였다. 미국의 문명비평가인 라인홀트 니부어(Reinhold Niebuhr)는 '개인이 아무리 도덕적으로 살려고 해도 그가 살고 있는 사회의 도덕성이 바르지 않다면 개인의 노력은 의미가 없다'고 일갈하면서 개인에게 선하게 살아가라고 요구하기 전에 우선 잘못된 사회적 관행이나 제도를 고치라고 했다. 마찬가지로 아이가 바람직한 인성을 지닌 사람으로 성장하기를 원한다면 아이가 대화를 원할 때 내가 과연 무슨 짓을 하고 있었는지 한번 살펴보고 만약 잘못되었으면 즉시 고쳐야 한다.

아이가 문제를 일으켰을 때

내가 어떤 문제 때문에 고통 받고 있는지
진심으로 듣고 진정으로 이해하는
단 한 사람의 존재가 세계관을 바꾼다.
– 엘튼 메이요(Elton Mayo)

아이가 어떤 생각을 갖고 있는지 아는가. '내 마음 나도 모르는데'라고 자조 섞인 말을 할 수도 있지만 그건 가족 이외 타인과의 관계에서나 할 수 있는 말이지, 우리가 책임져야 할 아이들에 대해 할 말은 아닐 것이다. 하지만 솔직히 우리는 아이를 모른다. 아이와 깊이 있는 대화를 한 경험이 많지 않기 때문이다. 하나의 주제를 가지고 생각을 교환하는 대화가 부족했다. 아이와 나름대로 대화를 한다고 했지만 긴 대화를 해본 경험이 많지 않기에 내용이 피상적으로 흐를 수밖에 없다. 결국 내 생각을 아이에게 주입하거나 무조건 강요하는 방식으로 흐른다. 그렇다 보니 아이의 내면 깊숙이 있는 감정을 파악하지 못한다. 회사에서 일하는 중에 아내로부터 문자메시지를 받았다.

"화나."

보통 이러면 100퍼센트 아이와의 관계에 대한 이야기다. 윗사람이 주재한 회의시간이었지만 이럴 때는 어쩔 수가 없다. 눈치를 보아가며 간단하게라도 답변을 해야 한다.

나 : 왜?

아내 : 준서가 나를 힘들게 해.

나 : 다쳤어?

아내 : 아니, 수학 문제집을 답안지를 보고 베꼈어.

나 : 아, 그렇군.

아내 : 이번이 두 번째야.

나 : 그러게. 그럴 애가 아닌데.

아내 : 어떻게 해야 해. 이제부터 준서 노는 거 통제해야겠어.

나 : 그럴 필요까지 있을까? 말로 해야지.

아내 : 아니야. 노느라 집중을 못하는 것 같아.

나 : 조금 있다 말하자.

사실 이런 대화를 하면 아무리 아이들에게 무관심한 아빠라도 기분이 안 좋게 마련이다. 하루 종일 준서 생각으로 머리가 꽉 차서 집에 들어갔다. 이미 집은 무거운 분위기로 잠겨 있다. 준서를 불렀다.

아빠 : 준서야, 수학공부 하기 힘들지?

준서 : 아니요. 할 만해요.

아빠 : 지난번에 나에게 자신 있다고 했었지?

준서 : 네.

아빠 : 혹시 수학은 왜 공부하는 것 같아?

준서 : 모든 과목의 기초가 되니까요.

아빠 : 아, 그것도 답이네. 다른 이유는 없을까?

준서 : 글쎄요.

그리고 내가 한 답은 이랬다.

"아빠가 세상에 나와보니까 세상이 모두 문제더라. 아빠가 회사에서 하는 일도 머리 아픈 문제를 푸는 일이야. 그 문제를 풀려면 시간이 많이 걸려. 지루하기도 하고 짜증도 나지. 귀찮고 힘들지만 결국 문제를 해결하는 게 나의 일이고 또 보람이야. 수학을 공부하는 이유는 아빠의 경우에는 세상의 모든 문제를 풀기 전에 연습해보라고 하는 거 아닐까 해. 쉬운 문제는 쉽게 풀리지만 어려운 문제는 시간도 오래 걸리고 답도 잘 모르겠는 때가 많잖아. 하지만 그 과정에서 문제를 해결하는 방법, 인내심, 끈기를 배우게 되고 그렇게 사회에 나가면 어려운 문제가 닥쳐도 잘 해결할 수 있어."

'개똥철학'이다. 그래도 준서는 아빠의 말을 끝까지 들어준다. 곰곰이 생각하더니 이렇게 말한다.

"수학은 빨리 풀어야 하는 거로 생각했어요. 답을 빨리 내야 성적이 좋잖아요. 빨리 답이 안 나오면 화가 나요."

그렇다. 준서에게 수학이란 빨리 답을 찾아야 하는 '속도의 과목'이었지 '인내와 끈기의 과목'은 아니었던 셈이다. 답을 빨리 찾고 싶었을 뿐이고 그래서 답을 보고 썼을 것이다. 아이는 세상의 잘 못된 생각, 즉 '빨리 많은 문제를 풀어야 해!'라는 어른의 생각을 착하게 받아들였을 뿐이다. 과정보다 결과에 주목했던 엄마, 아빠의 잘못이다. 마음이 아팠다.

결과로서의 교육은 지식이나 기능의 습득을 중요시한다. 물론 그것도 중요하다. 하지만 그 이상으로 중요한 것이 과정으로서의 교육이다. 결과가 아닌 성장을 강조하는 과정으로서의 교육은 그 과정을 통해 얻을 수 있는 전인적 경험을 중요시하여 아이들이 적극적으로 가치관을 형성할 수 있도록 만들어준다. 인성은 다양한 경험을 도덕성의 틀 안에서 바라보며 나를 세우는 과정 속에서 형성된다. 이런 교육을 우리 부모들은 그동안 무시하고 있었던 것은 아닌지.

어느 입학사정관이 인터뷰에서 자기소개서를 쓰는 요령에 대해 말했던 게 떠올랐다. 그는 '뭘 잘했는지' 쓰지 말고, '왜 잘했나'를 쓰라고 했다. 이때 '왜 잘했나'는 단순히 노력을 강조하는 것이 아니라 '무엇을 배우고 무엇을 느꼈는가', 즉 '발전하는 모습'을 적으라는 뜻이다. 수학 역시 결과보다는 그에 이르는 과정이 중요하다는 것을 준서가 알아야 한다는 생각이 들었다.

"아니야. 준서야. 지금 수학공부는 너에게 충분한 시간을 내라고 하고 있어. 엄마, 아빠가 빨리빨리 풀라고 얘기했다면 잘못 말한 거야. 엄마, 아빠가 잘못한 거야. 앞으로는 수학공부를 인내와 끈기를 갖고 했으면 좋겠어."

준서의 얼굴이 한층 밝아졌다. 물론 앞으로 준서가 수학공부를 잘할지, 아니면 여전히 답을 보고 베껴서 숙제를 낼지 그건 잘 모르겠다. 하지만 이렇게 아이와 대화하는 과정에서 아이의 감정을 찾아내고 또 그 속에서 문제까지 발견한 것만으로도 만족할 만한 시간이었다.

아이가 말을 할 수 있도록 해줘야 한다. 만약 내가 집에 들어가자마자 이렇게 말했다면 어땠을까?

"준서, 이놈의 새끼. 수학을 누가 답 보고 풀어? 누가 그랬어! 누가 그렇게 시켰냐고! 내가 널 어떻게 키웠는데! 당장 다시 풀어!"

글쎄, 수학점수 몇 점은 더 올릴 수 있을지 모르겠다. 하지만 그 대가로 아이와의 대화는 단절될 것이다. 다른 사람에게 다가서는 가장 좋은 방법 중 하나는 자신을 드러내는 대화를 하는 것이다. 우리 아이들이 스스로를 충분히 드러낼 수 있도록 대화를 이끄는 것이야말로 가장 중요한 부모의 역할 중 하나다. 반대로 아이의 감정을 끌어내지 못하는 것, 아이의 말을 막아버리는 것은 부모가 할 수 있는 최악의 행동이다.

혼자 중얼거리는 아이들

강박증 환자를 이해하기 위해서
우리는 그의 세계를 먼저 이해해야 한다.
- 슈트라우스(Richard Strauss)

인터넷에서 본 이야기다. 어느 초등학교 선생님의 경험담인가
보다. 반 아이가 자꾸 혼자서 중얼거리기에 "철수야, 넌 재주도 좋
다. 어쩌면 혼자서 그렇게 시끄럽게 잘도 떠드니?"라고 했더니 아
이가 "혼자 있는 시간이 많으니까 저도 모르게 혼잣말이 늘어요"라
고 말했다. "네가 그렇게 말하니까 갑자기 불쌍해 보인다"라고 하
자 철수는 "예, 그리고 아이엠 쏘리해요"라고 했다. 그 말이 끝나자
마자 덩치 큰 녀석 하나가 깔깔거리고 웃었다. 왜 웃느냐고 물으니
그냥 그 말이 웃기단다. 조용하던 다른 아이들까지 반 전체가 서글
프게 한바탕 웃었다. '웃픈 현실'이다. 언제나 홀로인 아이들. 외로
움이 친구인 아이들. 엄마, 아빠, 가족, 친구, 모두가 바쁘니 말이다.
　난 이 에피소드가 웃기지 않다. 그냥 슬플 뿐이다. 엄마, 아빠
의 보살핌을 기대하기 힘든 세상이다. 많은 부부가 맞벌이로 바빠

서 아이를 따뜻하게 맞아줄 사람이 없다. 집에 와도 아무도 없다. 친구들은 학원에 가 있다. 아이는 본능적으로 외로움을 느낀다. 누군가가 필요하다. 하지만 없다. 그래서 하는 수 없이 자기 자신과 이야기한다. 중얼중얼.

혼자 감정을 말하고 스스로 그 감정을 받아낸다. 누군가가 우리 아이들이 감정을 표현하도록, 말할 수 있도록 도와줘야 하는데 그럴 만한 기회가 없다. 아무도 감정을 받아주지 않기에 우리 아이들은 표현할 줄을 모른다. 결국 혼잣말을 하거나 고학년이 되면서는 세상과 벽을 쌓고 욕설을 하게 된다. 일종의 자기방어다. 가정에서 부모가 아이에게 감정표현 연습을 시켰다면 우리 아이들이 혼잣말로, 혹은 욕설로 세상과 커뮤니케이션하는 일은 생기지 않았을 것이다.

감정은 본능이요, 기질이며 습관이다. 감정이 모여 언어의 특징을 만들어낸다. '어떤 말을 해야 하나'는 근본적으로 인성의 문제이자 감정의 문제다. 요즘 애들은 엄마가 '밥 먹었냐'고 톡을 보내면 'ㅇ' 하나 쓰고 끝낸다. '예스'의 'ㅇ'이란다. 안 먹었으면 'ㄴ'이다. '노'의 'ㄴ'이다. 우리 어른들의 자업자득이다. 평소 더 긴 문장으로 열심히 말하고, 더 길게 들어주지 않았으니 아이들이 마음의 문을 닫는 것은 물론 말의 문도 짧아질 대로 짧아진 것이다. 자, 어떻게 개선할 수 있을까?

가정에서 말할 수 있는 분위기를 만들어야 한다. 아이가 틈만 나면 아빠, 엄마에게 재잘재잘 떠들 수 있게 해야 한다. 그 과정에서 자신의 감정을 있는 그대로 표현해내야 한다. 그 연습이 모이고 모이면 아이가 세상과의 커뮤니케이션에 자신을 갖게 된다. 자문해보자. 우리는 하루 10분이나마 아이와 대화할 수 있는, 대화하고 있는 부모인가. 아이가 감정을 충분히 표현하도록 도와주고 있는가.

아이들이 자신의 마음을 표현하게 하자. 표현 방법을 모른다면 가르치는 것이 부모의 의무다. 집에서 간단하게 할 수 있는 것부터 시작하자. 예를 들어 감사장 만들기를 해보자. 아이가 도움을 받은 상황이라면 아무 종이에라도 좋으니, 몇 글자 안 되어도 좋으니 아이 스스로 감사장을 만들게 하자. 아파트 경비원 아저씨에게 "어제는 무척 더운 여름날이었습니다. 집에서 앉아만 있어도 힘들었는데 우리 동네를 지켜주시고 안전하게 생활하도록 해주셔서 감사드립니다"라고 감사장을 써서 드리는 것이다. 그런 편지를 받고 웃는 얼굴을 하지 않을 사람은 없다. 대부분은 그렇게 생각하고 표현해줘서 고맙다고 오히려 인사를 건넬 것이다.

이렇게 지금껏 잘 모르고 있던 '감사'라는 감정을 밖으로 표현하고 또 긍정적 피드백을 받는 과정에서 아이들은 표현의 중요성을 스스로 깨칠 수 있을 것이다.

약속 쿠폰 발행하기

나는 내 인격의 완전한 표현을 위해 자유를 원한다.
– 마하트마 간디(Mahatma Gandhi)

지행일치라는 말이 있다. 아는 것을 그대로 실천하는 것, 또 아는 만큼 실행하는 것을 뜻한다. 말을 앞세우기보다 말과 행동이 일치할 때 우리는 지행일치라는 말을 쓴다. 그런데 우리는 어떤 세상에 살고 있는가. 지행일치가 아닌 '지점일치(知點一致)'의 시대에 살고 있다. 아는 것과 점수가 같아야 하는 시대라는 말이다.

아이들 역시 마찬가지다. 아이들도 아는 것을 표현하고 실천하기보다 오직 점수에만 반영시키고 시험기간이 끝나면 깔끔하게 잊어버리기 바쁘다. 암기 위주의 교육이 그 대표적 예다. 어쩌면 인성교육 역시 이런 식으로 흐르지 않을지 걱정이 든다. 배려 점수는 100점이지만 실제로 배려심은 없다거나, 책임 점수는 95점이지만 사실 책임감과 사과하는 용기는 수준 이하라든지 말이다. 이런 일을 방지하려면 어른 먼저 지행일치의 모습을 보여주어야 한다. 가장 대표적인 방법으로 '약속 지키기'를 들 수 있다.

인생을 살면서 우리는 수많은 약속을 한다. 우리는 대화를 왜 할까? 무엇인가를 얻기 위해 한다. 자기가 필요로 하는 것을 얻기 위해, 그걸 가진 사람에게 말을 건다. 물질적인 것이든 감정적인 것이든 상관없이 말이다. 그중에서도 대표적인 게 바로 약속이다. 사회생활에서 약속을 안 지키는 사람을 좋아할 사람은 드물다. 어른은 물론 어린아이 사이에서도 약속을 잘 안 지키면 또래들과 잘 어울리지 못할 가능성이 크다. 그렇기 때문에 약속을 지키는 습관을 어릴 때부터 길러주는 것은 매우 중요하다.

약속의 사전적 의미는 '다른 사람과 앞으로 일을 어떻게 할 것인가를 미리 정해둠, 또는 그렇게 정한 내용'이다. 이 뜻풀이가 말해주듯 약속은 서로 간 합의하에 이루어진다. 그런데 서로 단단히 약속을 해놓고 누군가 깨면 마음이 상하는 것은 물론 불신풍조까지 만연하게 된다. 건강한 관계를 이루기 위해 약속은 반드시 지켜야 한다.

약속을 할 때는 새끼손가락을 걸고 한다. 왜 그럴까? 여러 가지 설이 있지만 동양에서는 새끼손가락을 '기'와 '정신'과 연결된 중요한 부분이라고 믿어서 그렇단다. 즉, 약속을 두 사람의 정신이 얽히는 중요한 행위라고 여긴 것이다. 그런데 약속을 지키는 게 그리 만만치가 않다. 언제나 예기치 못한 일이 일어나고, 약속보다 중요한 일은 늘 생기기 마련이니까. 하지만 약속을 처음부터 가볍게 여기고 나중에 가서 변명하지 않았는지 생각해볼 일이다.

아이에게 약속의 중요성을 가르치고 약속을 잘 지키는 아이로 만들려면 어떻게 해야 할까? 정답은 '어른이 먼저 약속을 잘 지키면 된다'이다. 너무 당연한 이야기라고 해도 어쩔 수 없다. 나는 가끔 아이와 약속을 한다.

"준환아, 이번 수학경시대회에서 동상 이상 받으면 이번 주 토요일에 야구장 데려갈게."

"준서야, 내가 체크해준 수학 100문제 풀면 이번 주 일요일에 영화관 데려갈게."

"수민아, 구구단 중에 3단 외우면 이번 주 일요일 점심에 서울대공원 데려갈게."

그런데 세상일이 내 마음대로 된다면야 좋겠지만 그렇지가 않다. 일요일, 갑작스레 부모님 집에 방문할 일이 생겼는데 아이들이 떡하니 자기들이 해야 할 일을 해놓았으면 피치 못하게 약속을 어길 수밖에 없는 상황이 된다. 이럴 때 당신 같으면 아이에게 무슨 말을 할 것인가. 과거에 나는 이랬다.

"준환아, 할아버지 집에 가야 하잖아. 어쩔 수 없는데 그 정도는 너도 이해해야지."

"준서야, 시험 잘 봐서 자랑스러워. 그런데 오늘은 엄마가 일이 있다고 해서 나갈 수가 없네."

"수민아, 오빠들이 내일 시험이라 공부해야 해서 외식할 수가 없어."

우리 아이들, 착하다. 이해해준다. 하지만 약속을 어기는 데에 알게 모르게 익숙해지고 있었다. 더 문제가 되는 것은 어른의 사정을 이해해달라면서 아이들의 낯빛이 조금이라도 어두워지면 오히려 신경질을 낼 때다.

"준환아, 넌 꼭 야구장에 가야겠니? 이 상황에!"

"준서야, 지금 네가 볼 수 있는 영화가 다 매진인 걸 어떻게 하니!"

"수민아, 집에서 먹는 게 건강에도 제일 좋은 거야! 모르겠어?"

이래서야 아이가 약속을 왜 지켜야 하는지, 지키면 왜 좋고, 어기면 왜 나쁜지 알 수 있겠는가.

언젠가부터 나는 아이와 약속을 못 지키게 될 경우에는 다른 방법으로라도 약속을 지키려고 노력한다. 방법은 생각보다 간단하다. 바로 '약속 봉투'를 활용하면 된다. 약속 봉투? 별거 아니다. 그냥 일반 편지봉투를 산다. 개인적으로는 천 원에 50장인가 하는 노란색 얇은 봉투를 산다. 그리고 그 봉투에 A4 용지를 반으로 잘라 아래와 같이 적어서 넣은 다음 아이에게 준다.

To. 준환, 약속 쿠폰 : 야구관람 1회 + 치킨

To. 준서, 약속 쿠폰 : 영화관람 1회 + 호떡 + 아이스크림

To. 수민, 약속 쿠폰 : 삼겹살 한 번 먹기 + 머리끈(5천 원 미만)

어떤가. 나는 나름대로 효과를 본다. 아이도 약속을 해놓고 어기는 데 조심스러워졌다. 나 역시 약속을 함부로 남발하지 않게 됨은 물론이다. 약속은 하는 것보다 지키는 데 묘미가 있다. 지키지 못할 약속은 하지 말아야 한다. 하지만 약속을 지킬 수 없을 때 어

떻게 대처해야 하는가도 중요하다. 아이라고 함부로 윽박지르지 말고 합리적인 방법으로 보상을 하는 것이 낫다. 약속이 중요하다는 것은 어른이면 누구나 안다. 그런데 그 당연하고 중요한 것을 너무나도 쉽게 어긴다. 알았다면 행해야 한다. 지행일치의 커뮤니케이션은 약속에서 그 의미를 찾을 수 있다.

아는 것과 행동이 일치할 때 우리는 스스로 우뚝 서는 자율의 길에 들어선다. 삶의 주인이 될 수 있다. 반대로 앎과 행동이 일치하지 않으면 절대 자기 삶의 주인이 될 수 없다.

진짜 대화를 위한 축어록 만들기

남의 말을 열심히 들어주다가
해고당한 사람은 없다.
- 캘빈 쿨리지(Calvin Coolidge)

'축어록'이라는 게 있다. 이 단어를 처음 들어본 사람도 있을 것이다. 나 역시 2015년 봄에 처음 알게 되었다. 축어록은 누군가와의 대화 내용을 그대로 적은 기록이라고 생각하면 된다. 이렇게 말하면 별것 아닌 것 같지만 이 축어록 덕분에 나는 아이의 마음에 처음으로 접근할 수 있었다. 강력하게 추천하고 싶다. 한 달에 한 번, 아이와 30분간 대화를 하고 축어록을 작성하자. 방법은 다음과 같다.

1. 장소 : 다른 사람들이 방해하지 않는, 아이와 단 둘이 있을 수 있는 장소를 찾는다.
2. 시간 : 30분 이내만 몰입해서 대화하면 충분하다.
3. 방법 : 아이에게 최소 50개의 질문을 던지되 아이의 말에 함부로 개입하지 않는다.

이 책을 지금까지 읽었다면 이미 알겠지만 나는 아이가 세 명이다. 첫째는 준환, 둘째는 준서, 셋째는 수민이다. 이 중 둘째인 초등학교 3학년인 준서와 이야기를 나눴다. 첫째인 준환이는 초등학교 4학년으로 우리 집, 특히 아빠, 엄마는 물론이고 할아버지의 기대까지 한 몸에 받고 있다. 셋째인 수민이는 초등학교 1학년인데 막내로서 귀여움을 독차지한다. 둘째인 준서는 포지션이 애매모호하다. 첫째인 형에게는 가족의 관심이 집중된다. 귀엽다, 예쁘다는 말은 막내이자 딸인 셋째 수민이가 독차지하고 있다. 준서가 혹시 준환이와 수민이 사이에서 주눅 들어 있는 것은 아닐까, 자신이 차별받는다고 잘못 알고 있는 건 아닐까, 공부보다는 야구를 좋아하는 것 같은데 정말일까, 형이나 여동생을 미워하거나 질투하고 있지는 않을까, 학교생활은 어떨까……. 궁금한 것은 무궁무진하다. 이건 대화거리도 그만큼 많다는 뜻이다.

스마트폰만 있으면 준비물도 끝이다. 녹음을 하면 되니 말이다. 편하게 대화하기 위해(아이가 아니라 나를 위해서다. 조용히 아이의 눈을 쳐다보면서 대화할 자신이 없었다) 야외활동을 하면서 대화를 나누기로 했다. 집에서 나와 야구장으로 가는 길, 30여 분 동안 지하철과 버스로 이동하면서 자연스럽게 이야기를 나눴다. 대화가 끝났고 집에 돌아와서 아이 몰래 녹음한 내용을 들으며 그대로 기록했다.

결론부터 말하면 놀라고 감동했다. 내 아이지만 이렇게 성장했다는 사실, 그리고 나보다 더 어른스러울 수 있다는 것을 알았다. 장난감을 좋아하고, 아이스크림을 사달라는 철없는 아이가 아니었다. 자신이 해야 할 바를 알고 타인에 대한 배려가 대단했다(지나칠 정도로). 그리고 하나 더 말하자면 한심했다. 나 자신에 대해 한심한 기분이 들었다. 이렇게 멋진 아이와 30분 이상 대화한 적이 없었다는 것을 깨달았다. 아이의 말에 이렇게 집중한 적이 있었던가.

많은 사람이 경청을 이야기한다. 아이와 대화를 나눌 때는 '내가 너의 이야기를 주의 깊게 듣고 있다'는 리액션이 필요하다는 것도, '정말 대단하구나!' 같은 감정이 이입된 감탄사를 해줘야 한다는 것도, 나의 말보다는 아이의 말이 세 배 이상 길도록 집중해서 들어줘야 한다는 것도 안다. 이론적으로 말이다. 실제는? 아니다. 그렇게 집중해서 들은 적이 거의 없을 것이다. 나는 솔직히 말해 없었다. 축어록을 쓰기 위해 아이의 말에 귀를 기울이며 이야기를 이끌어내려고 노력하면서 문득 내가 아이와 30분조차 온전히 대화한 적이 없음을 알고 창피했다. 그리고 아이에게 미안했다.

축어록, 아이와의 대화를 위한 트레이닝으로 최고다. 아이의 감정을 성공적으로 이끌어내는 방법을 알게 될 것이고 다른 사람의 말을 잘 듣는 것이 엄청나게 중요한 일임을 '태어나서 처음으로' 실감하게 될 것이다. 아이와 몰입하여 대화해보자. 앞으로 아이들과의 시간을 풍요롭게 만드는 계기가 될 것이다. 그날 밤은 나의 아이가 얼마나 괜찮은 놈인지를 알게 된 최고의 밤이었다.

아래는 당시 축어록의 일부다. 준서의 허락 없이 함부로 공개하자니 조심스럽다. 하지만 세상 모든 아빠들이 아이와 몰입하여 대화하는 데 꼭 필요하는 것이니 준서도 이해해주리라 믿는다. 참조하시기 바란다.

(아파트를 나서면서 녹음 시작)

아빠 : 요즘 제일 힘든 게 뭐야?

준서 : 숙제가 많아. 음, 어려워.

아빠 : 무슨 숙제?

준서 : 수학.

아빠 : 숙제가 얼마나 많은데?

준서 : 많아. 학교 다녀오면 숙제만 하느라고 시간이 많이 걸려.

아빠 : 그래서 공부가 힘들어?

준서 : 아니. 공부 좋아해.

아빠 : 공부 힘들다고 했잖아?

준서 : 아니야. 공부 좋아해. 내가 생각해보니까 안 힘들어.

아빠 : 그래?

준서 : 학교생활도 재밌어. 숙제도 간단한 거니까. 시간만 걸릴 뿐이지.

아빠 : 오. 준서 멋진데?

준서 : 응.

아빠 : 그럼 국어가 쉬워, 수학이 쉬워?

준서 : 수학이 쉽지.

아빠 : 점수가 어느 게 잘 나와?

준서 : 둘 다.

(지갑을 갖고 나오지 않아서 다시 집에 다녀옴)

아빠 : 그런데 학교에서 누가 제일 좋아?

준서 : 부회장이 나한테 잘해줘. 그다음에는 김OO, 퀵실버. 어벤져스에서
　　　무지하게 빠른 애.

아빠 : 김OO 별명이 퀵실버?

준서 : 응.

아빠 : 너는 별명이 뭐야?

준서 : 예상.

아빠 : 예상?

준서 : 응, 예상.

아빠 : 그게 뭐야?

준서 : 내가 뭐든지 '예'라고 말해서 상을 많이 받았어.

아빠 : 아, 예를 잘해서 상을 받았네?

준서 : 선생님이 사회 2단원 배운다고 하면 내가 예~ 그래서, 예상을 받았어.

아빠 : 하하. 준서 긍정적이네?

준서 : 긍정적? 그게 뭐야?

아빠 : 모든 것에 자신 있는 것.

준서 : 응. 자신 있어. 첫째 시험에도 잘할 수 있는데 긴장해서 85점 받은
　　　거야.

아빠 : 공부 좋아한다고 했지?

준서 : 응.

아빠 : 그래? 어떤 공부 좋아해?

준서 : 학교에서 배우는 거 좋아하지.

아빠 : 공부는 집에서도 해야지?

준서 : 집에서 하는 것도 좋아하지.

아빠 : 어떻게 공부해?

준서 : 아빠가 하라고 했잖아. 그렇게 해야 해.

아빠 : 내가 어떻게 하라고 했는데?

준서 : 했던 걸 다시 하라고 했잖아.

아빠 : 아, 그걸 뭐라고 해?

준서 : 복습이라고 하지.

아빠 : 그렇지. 복습을 하면 성적이 올라가. 100점! 100점!

준서 : 응.

(편의점에 들렀다가 다시 대화를 시작)

아빠 : 수민이에 대해 어떻게 생각해?

준서 : 수민이?

아빠 : 네가 집에서 나오기 전에 아빠는 수민이한테만 잘한다고 했잖아. 그
  런 거 같아?

준서 : 응, 약간.

아빠 : 어떤 면에서? 내가 수민이 귀여워하는 것 같아?

준서 : 응. 너무 잘해줘.

아빠 : 아빠가 뭘 잘해줘?

준서 : 우리한테 수민이랑만 어디 간다고 하잖아.

아빠 : 근데 사실 안 갔잖아? 간다고 말만 하고 실제로 가지는 않았잖아?

준서 : 어쨌든, 수민이하고 롯데월드 간다고 우리한테 말했잖아.

아빠 : 아빠가 말만 하고 가지 않았잖아. 그런 말 하는 게 싫어?

준서 : 응.

아빠 : 농담하는 게 싫어?

준서 : 응.

아빠 : 맞다. 농담도 일종의 거짓말이지? 그렇지?

준서 : 응.

아빠 : 거짓말하면 안 돼. 맞아. 아빠가 잘못했네.

준서 : 응.

아빠 : …….

준서 : 아빠 뭐해?

아빠 : 준서는 우리 집에서 어떤 거 같아?

준서 : 응?

아빠 : 준서는 우리 집의 기둥이다!

준서 : 아니. 기둥은 형이잖아.

아빠 : 그럼 넌 뭐야?

준서 : 난 사람이야.

아빠 : 아냐. 준서도 기둥이야. 지붕을 떠받치려면 기둥이 하나면 돼? 몇 개

있어야 해?

준서 : 두세 개?

아빠 : 아냐, 네 개가 있어야 해. 그래야 집이 되지.

준서 : 그건 그렇지.

아빠 : 아빠는 지붕이고 너희들이랑 엄마가 기둥이 되어줘야 해.

준서 : 그건 그래.

아빠 : …….

준서 : 그런데 내가 수학이 왜 재미있냐면……

(갑자기 화제를 돌린다. 그 이유는 잘 모르겠다.)

아빠 : 수학?

준서 : 응.

아빠 : 수학이 재밌어?

준서 : 선생님이 수학을 만화처럼 만들어줘. 재미있게 해. 다 그래. 그래서
　　　수업이 재밌어.

아빠 : 준서는 왜 수학을 잘하고 싶어?

준서 : 세상이 다 수학이니까. 난 세상이 모두 수학이라고 믿어. 진짜!

아빠 : 준서는 공부할 준비가 다 되어 있네. 공부를 하고 싶어하네.

준서 : 응.

아빠 : 누가 그렇게 알려줬어?

준서 : 내가 그렇게 생각했어.

아빠 : 어떻게? 아빠도 그런 생각을 못했는데?

준서 : 내가 그냥 말했는데.

아빠 : 이야, 수학을 열심히 공부하면 어떻게 될 것 같아?

준서 : 수학을 공부하면 세상이 어떤 거라는 것을 알 것 같아.

아빠 : 공부해서 어떻게 할 거야?

준서 : 수학을 새롭게 만들 거야.

아빠 : 수학을 잘하기 위해서 아빠가 도와줘야 할 것이 있을까?

준서 : 없어.

아빠 : 없어?

준서 : 응. 학교에서 공부하면 돼. 학교에서만 공부하고 복습하고 그러면 100점 맞을 수 있어.

아빠 : 그러면 수학시험이 내일인데 네가 좋아하는 프로야구 경기를 오늘 밤에 한다면?

준서 : 보고 싶은데 참아야지.

아빠 : 와…… 정말?

준서 : 아니다. 그럴 일이 없어. 미리 해놔야지.

아빠 : 지난번 준서한테 수학 가르쳐줄 때 아빠가 막 화냈잖아. 기억나? 기분이 어땠어?

준서 : 나쁘지도 않고 좋지도 않아.

아빠 : 왜?

준서 : 그거야 아빠가 나 수학 잘하라고 하는 거잖아.

아빠 : 준서가 아빠 마음을 잘 아네? 말 안 해도 잘 아네. 맞아. 준서가 미워서 그런 게 아니지.

준서 : 응.

아빠 : 준서 잘되라고 하는 거지.

준서 : 응.

아빠 : 그걸 너도 알아?

준서 : 당연히 알지.

아빠 : 준서는 형 어떻게 생각해?

준서 : 응?

아빠 : 형 미워?

준서 : 밉기도 해. 나를 자꾸 때려. 나도 기분 안 좋은데…….

아빠 : 그래?

준서 : 뭐, 내가 거의 다 잘못한 거지.

아빠 : 네가 뭘 잘못해. 형이 좀 더 동생에게 잘해야지.

준서 : 내가 더 잘해야지.

아빠 : 왜?

준서 : 형이잖아. 나보다 나이 많으니까 내가 더 잘해야지.

아빠 : 그럼 수민이가 너한테 잘하냐?

준서 : 아니.

아빠 : 근데 너는……

준서 : 난 상관 안 해. 자기의 의지니까.

아빠 : 수민이는 너한테 잘 못하잖아.

준서 : 동생이 안 한다고 내가 안 할 필요는 없잖아.

아빠 : 너가 뭘 잘못했어?

준서 : 내가 잘못한 것도 있긴 해.

아빠 : 뭐?

준서 : 남의 것을 베끼면 안 돼.

아빠 : 네가 뭘 베껴?

준서 : 진짜…… 말하자면…… 형을 닮고 싶다고 말했잖아.

아빠 : 근데 뭘 베껴?

준서 : 수학점수.

아빠 : 수학점수를 베낀다는 게 무슨 말이야?

준서 : 내가 따라 하면 안 돼.

아빠 : 뭘 따라 해? 뭘 베껴?

준서 : 형이 수학 잘하는 걸 나도 베끼면 안 돼.

아빠 : 뭐? 형이 수학 잘하니까 너도 수학을 잘하면 안 된다고? 형 공부 잘
하는 것처럼 너도 잘하고 싶은 거잖아.

준서 : 그러면 안 돼.

아빠 : 형보다 네가 더 잘하면 되잖아.

준서 : 그걸 베끼면 안 된다는 거지.

아빠 : 뭐?

준서 : 자기 특징이잖아. 그러니까…… 자기 특징대로 하는 게 좋은 건데,
난 지금 형을 베끼는 거잖아.

아빠 : 넌 형을 베끼는 게 아니야. 너는 너고 형은 형이지. 그리고 형보다 공
부 잘하는 사람이 얼마나 많은데.

준서 : 형이 나를 미워할 것 같아. 싫어할 것 같아.

아빠 : 왜?

준서 : 형이 원래 공부를 더 잘해야 하는 거니까.

아빠 : 뭐?

준서 : 내가 너무 잘하면 형이 화나잖아. 나만 칭찬을 받으면 형이 화가 나
잖아.

아빠 : 네가 칭찬을 받으면 형이 화가 날 것 같아?

준서 : 내가 형의 특징을 베끼는 거니까.

아빠 : 너는 더 잘하면 되잖아. 그러면 형이 화날 거 같아?

준서 : 내가 공부 잘하면 나만 좋잖아. 형이 기분이 안 좋잖아.

아빠 : 야, 준서는 정말 대단하다.

준서 : …….

(잠실야구장 도착)

독서하기

{책}

책 그만 읽고 자야지

책 없는 방은 영혼 없는 육체다.
- 키케로

첫째 준환이는 책을 너무 많이 읽는다. 아빠인 나, 가끔 이런 생각을 했다.

'저렇게 책만 읽다가 공부에 소홀하면 어쩌지.'

준환이는 이렇게 한심한 생각을 하는 사람이 자기 아빠인 줄 알고 있을까? 미안할 따름이다. 사실 걱정될 정도로 책을 많이 읽긴 한다. 잠자기 전에 엎드려서 뭐하나 보면 책을 두세 권 놔두고 책장을 넘기느라 정신이 없다. 동화책만 읽는 줄 알았는데 알고 보니 역사, 과학 분야의 책도 가리지 않고 읽었나 보다. 이런저런 지식도 상당하다. 아이가 알고 있는 지식의 수준에 가끔 깜짝 놀랄 정도다.

언젠가 팔당역에서 2인용 자전거를 빌려 양평에 다녀온 적이 있다. 오는 길에 우연히 '몽양 여운형 생가' 표지판을 보았다. 고등학교 때던가, 한국사 시간에 배우긴 한 것 같은데 이름만 기억했지 어떤 인물인지는 가물가물했다. 잠깐 쉴 겸 해서 들렀다. 한적하고 깨끗했다. 전시장도 나름대로 오밀조밀하게 꾸며놓았다. 풍부한 사진과 함께 곁들여진 설명도 재미있었다. 얼핏 보니 아이도 관심을 갖고 전시물을 보고 있었다. 궁금했다. 얘가 이분을 알까?

아빠 : 준환아, 너 이 사람이 누군지 알아?

준환 : 네. 독립운동가요.

아빠 : 어? 어떻게 알아? 지금 본 거지?

준환 : 아니요. 알고 있었어요. 김구 선생님하고 같은 시대에 독립운동 하던 분이죠?

아빠 노릇하기 힘들다. 뭔가 아는 척해야 아빠 체면이 서는데 아이에게 해줄 말도 없고, 아이의 지식 수준보다 못한 것도 같고. 그래, 우리 아이들은 아빠, 엄마가 모르는 사이에 이렇게 훌쩍 컸다. 마저 물어봤다.

아빠 : 준환아, 도대체 그런 걸 어떻게 알았어?

준환 : 배웠어요.

아빠 : 학교에서?

준환 : 아니요. 책에서요.

독서만큼 자신의 정체성을 탐색하게 만드는 활동이 또 있을까? 바람직하고 이상적인 자아상을 제시하는 도구로 책보다 나은 게 있을까? 없다. 책은 사람을 성장시킨다. 물론 준환이가 몽양 선생을 지식적으로 알고 있다고 해서 아이가 성장했다고 단정 짓는 것은 무리다. 하지만 전시실에 있는 사진 등 전시물을 유심히 살펴보고 나에게 질문하는─질문하는 아이는 얼마나 경이로운가! 유대인 부모들은 학교에서 돌아온 아이들에게 "오늘 무엇을 배웠니?"라고 묻는 대신 "오늘 무슨 질문을 했니?"라고 묻는다고 하지 않던가. 나 역시 아이의 질문에는 최대한 응원을 보내줘야 한다는 입장이다.─ 준환이를 보니 정신적으로 많이 성장했다는 느낌에 마음이 뿌듯했다. 준환이의 질문은 계속되었다.

"아빠, 그럼 이렇게 열심히 독립운동 하신 분들의 후손들은 지금 잘살아요?"

"이렇게 멋진 분을 왜 암살한 거죠?"

"왜 이분이 대통령이 되지 않았어요?"

아이의 질문은 어느새 내가 아는 지식의 범위, 상식의 범위를 벗어나고 있었다. 아빠인 나도 공부 좀 해야겠다는 생각이 들었다. 아이의 뇌는 '공사중'이라고 한다. 아이의 뇌는 전전두엽이 어른처럼 완전하지 않기 때문에 충동적이고 자기조절에 어려움이 많다. 그렇기에 오히려 이런 과정적 특성을 잘 이해하고 아이들이 세상과 교감하면서 간접경험을 쌓으며 성장하도록 도와야 한다. 어떤가. 무엇으로 아이들을 도울 것인가. 정답은 아이들이 책을 잘 읽을 수 있도록 환경을 제공하는 것이다.

아이가 잠자기 전에 꼭 책 읽는 모습을 보면 "책 그만 읽고 자야지"라던 나지만 이제는 독서하는 아이를 격려한다. 늦게까지 책을 읽고 아침에 늦게 일어나서 학교에 늦는다면 그것 역시 아이가 스스로 통제해야 하는 자신의 생활이다. 스스로 책 읽는 시간을 조절해서 아침에 잘 일어나고 학교에서 공부하는 데 지장이 없도록 하는 것까지 온전히 자신의 책임 아래 통제해야 한다. 자기에게 필요한 지식을 스스로 습득하고 그 습득 과정에서 자신의 생활을 통제하는 아이는 얼마나 대견한가.

책 읽는 부모, 책 읽는 아이

책을 읽을 때 우리는 가장 좋은 친구와 함께 있는 것이다.
- 시드니 스미스(Sir Sidney Smith)

중 3때까지 귀여운 교회 동생(나는 '훈훈한 교회 오빠' 한번 못해보고 교회 다니기를 멈췄다)이었던 나의 기억에 따르면 예수님은 '너는 무엇을 먹을까, 무엇을 입을까 고민하지 말라'고 말씀하셨다. 기억이 가물가물해서 성경을 찾아보았다.

> 그러므로 염려하여 이르기를 무엇을 먹을까 무엇을 마실까 무엇
> 을 입을까 하지 말라 이는 다 이방인들이 구하는 것이라 너희 하늘
> 아버지께서 이 모든 것이 너희에게 있어야 할 줄을 아시느니라.
>
> 《마태복음》 6:31~34

멋진 말이다. 무엇을 먹을까 무엇을 마실까 무엇을 입을까 걱정하지 말라니! 우리 하나님은 좋은 분이시니 믿고 따르면 된다는

말이겠다. 책도 마찬가지다. 우리 아이에게 무엇을 읽혀야 할까 걱
정하지 말고 아무거나 닥치는 대로 읽도록 내버려두자. 그러면 된
다. 아이를 위한 책을 만드는 사람들 치고 나쁜 사람이 있을까. 위
인전을 읽으면 영웅주의에 빠진다느니, 이솝 이야기는 원래 어른
들의 동화라서 아이들에게 안 맞느니 해도 내가 어렸을 적 읽은 책
중에 나를 심리적으로 악하게 만든 책은 없다.

다만 책을 많이 읽는 게 좋다고 해서 아이에게 양적인 부담을
주지 말았으면 좋겠다. 언젠가 초등학교 2학년 아이를 둔 아빠와
아이의 독서에 대해 이야기를 나눈 적이 있다. 그분은 나에게 '우리
아이 목표는 3학년 때까지 천 권의 책을 읽는 것'이라고 했다. 순간
적으로 우리 아이들은 지금 책을 몇 권이나 읽었나 하는 생각이 들
었다. 글쎄, 잘 모르겠다. 집에 책이 많으니까 우리 아이도 몇 백 권
은 읽었겠지 하는 생각이 들었다. 하지만 곧 '도대체 우리는 언제까
지 독서의 가치를 읽은 양으로 평가하는 미개함에서 벗어날 수 있
을까' 하는 의문이 들었다.

얼마나 읽었는지가 아니라 읽고 나서 어떻게 변했는지가 핵심
이다. '우리 집에는 책이 많다', '우리 아이는 하루에 책을 열 권을
읽는다' 등이 자랑거리가 되어서는 곤란하다. 자신의 아이가 '독서
많이 하는 아이'로 불리기를 원하는 부모의 등쌀에 괴로워할 아이
들의 모습이 눈에 선하다. 아이가 무슨 '독서 트로피'인가. 왜 그렇
게들 '많이 읽혔다'고 자랑들을 하는가. 나는 그렇게 말하는 부모들
에게 물어보고 싶다.

"그러는 당신은 책을 얼마나 읽으시나요?"

아이들에게 책을 읽히려고 아등바등할 시간에 부모가 먼저 책 읽는 모습을 보여주는 게 정상이다. 아이에게는 그저 책 읽을 환경만 제공해주면 된다. 즉, 아이에게 필요한 것은 독서하는 부모의 모습이 첫째요, 아이에게 적절한 수준의 책이 있는 집안 환경이 둘째다. 이 두 가지만 있으면 우리 아이를 위한 독서 노력은 부모로서 다한 거다.

내가 아내에게 고마워하는 몇 가지(아니 무지하게 많다!) 중의 하나가 아이들 앞에서 책 읽는 모습을 보여준다는 점이다. 미래에 아이들이 커서 "내가 왜 책을 좋아하냐고? 엄마가, 그리고 아빠가 책을 좋아하셨어!"라는 말을 다른 사람들에게 자랑스럽게 하고 다녔으면 좋겠다. 부모가 먼저 독서하는 모습을 보이면 아이는 저절로 따라올 것이라고 나는 믿는다. "공부해라, 책 읽어라" 하기보다는 솔선하여 공부하는 부모가 아이의 독서습관에 도움을 주리라(물론 아이들이 안 보이는 곳에 처박혀서 자기 관심사만 연구하는 것은 아이들에게 모범이 되는 독서가 아니다. 오히려 무엇인가를 연구한다고 골방에 머무는 부모의 모습은 아이의 자존감에 역효과—'아빠는 나보다 책을 더 좋아해'—를 주지 않을까 한다).

인성교육을 위해 부모가 우선적으로 읽어야 할 책은 무엇일까? 1년 가야 책 한 권으로 독서를 끝내는 부모라면 우선적으로 '아이들의 교과서'를 읽어보라고 권유하고 싶다. 아이가 중·고등학교에 가기 전에 말이다(중학교 교과서만 돼도 벌써 어렵다). 초등학생 교과서는 만만하다. 읽기도 쉽고 글자도 크다. 그림도 많다.

하지만 초등학교 교과서를 우습게 보지 말라. 어른인 우리에게도 교훈을 주는 내용이 가득 담겨 있다. 차분하게 읽다 보면 과연 나는 이렇게 하고 있는지 반성할 때도 생긴다. 그러면서 이렇게 좋은 것을 배우는 아이들을 아끼고 사랑하며 또 존중해야겠다는 다짐을 하게 된다. 언젠가 《내가 알아야 할 모든 것은 유치원에서 배웠다》라는 책이 인기를 얻은 적이 있다. 제목을 살짝 비틀어보자.

'내가 알아야 할 모든 것은 초등학교 교과서에서 배웠다!'

7분만 참아라

어릴 적 나에겐 정말 많은 꿈이 있었고,
그 꿈의 대부분은 책을 읽을 기회가 많았기에 가능했다.
- 빌 게이츠(Bill Gates)

"아빠들이여 7분만 참아라!" 하루 종일 밖에서 밥벌이하느라 녹초가 되어 돌아온 아빠들에게 정말 해주고 싶은 말이다. 맞벌이 부부라면 엄마, 아빠 모두에게 해당된다. 어쨌거나 고단한 밥벌이를 끝내고 집에 오면 아이들이 반가이 맞아줄 때도 있고, (엄마한테 혼나서) 시무룩하게 인사할 때도 있을 것이다. 지금부터 7분간이 중요하다. 집에 와서 당신이 가장 먼저 하는 일이 무엇인지 스스로 살펴본 적이 있는가.

세상의 일로부터 벗어나 집이라는 물리적 공간에 도착한 후부터 어느 회사의 구성원이 아닌 한 가정의 남편이자 아빠로 변신하는 데는 보통 7분—나의 경우—이라는 시간이 걸린다. 집에 와서 양말 벗고(왜 발에서는 늘 구수한 냄새가 나는 걸까), 바지 벗고 와이셔츠 벗고 반바지에 가벼운 티셔츠로 갈아입고 손을 씻고 이빨 닦고

(외부활동이 많은 날이면 머리 감고…… 이러면 3분 추가다!) 집 어느 구석에 내 몸을 놓이는 바로 그 순간까지 측정해보니 7분 내외가 걸렸다. 자, 이 7분 동안 당신이 하지 말아야 할 두 가지가 있다.

1. 절대 TV를 먼저 틀지 않는다.
2. 절대 스마트폰을 들여다보지 않는다.

집에 들어오자마자 가장 먼저 하는 행동이 중요하다. 절대 TV를 켜지 말 것(켜 있다면 끌 것), 절대 스마트폰을 들여다보지 말 것. 딱 이거 두 가지만 잘하면 된다. 집에 분명히 책이 있을 거다. 그 책이 그 무엇이라도 좋다. 잡지라도 상관없다. 들고 와서 앉자. 아무 데나 펴라. 자, 이렇게 하는 것만으로도 당신은 대한민국 상위 0.1퍼센트의 독서가가 된 거다. 독서량에서 다른 선진국에 비해 절대열위에 있는 대한민국에서 당신은 삶의 지혜를 남보다 더 먼저, 더 쉽게, 더 싸게(이게 매우 중요하다!) 깨치는 방법을 아는 어른이라고 말할 수 있다.

집에 오자마자 책 한 권을 펴고 미소를 짓고 있는, 아니면 책 속에 빠져들어 있는 당신의 모습을 보고 아이는 어떻게 할까? 당신의 모습을 보고 따를 것이다. 아이는 세상의 지혜를 찾는 가장 쉬운 방법을 자연스레 알게 될 것이다. 삶의 탈출구를 스마트폰이 아닌 책에서 찾게 해야 한다. 청소년 놀이문화가 빈곤하다는 건 다 아는 사실이다. 그런데 그 대처방법이 TV나 스마트폰이라는 건 너무나 아쉽다. 독서가 처방전이 되어야 한다. 책이 필요한 이유는 어른이

나 아이나 동일하다. 바로 독서를 통해 삶의 괴로움을 이겨낼 수 있으며 희망을 느낄 수 있기 때문이다.

중독을 '무언가에 대한 과도한 탐닉'이 아닌 '자신을 괴롭게 하는 대처 불가능한 것으로부터 특정 수단을 통해 도피하는 것'이라고 정의하자. 도피해야 하는 대상이 없으면, 중독은 일어나지 않는다. 아이들이 스마트폰이나 게임에 중독되어 있다고 해보자. 아이들에겐 지금 '대처할 수 없는, 아이들을 괴롭게 만드는 무엇'이 있다는 이야기이고, 그 괴로움으로부터 빠져나오기 위해 '스마트폰 게임'을 사용한다는 이야기다. 스마트폰을 금지시키든 게임을 금지시키든, 아이들에게서 영구적으로 그 괴로움을 잊게 만들 수 있는 수단을 빼앗는다고 해보자. 그 뒤 아이들은 자신들이 대처할 수 없는, 자신들을 괴롭게 만드는 그것을 그냥 순순히 받아들이며 살게 될까?

〈카톨릭 뉴스〉 2015년 8월 18일

괴로움에서 도피하기 위해 다른 것으로 숨어버리면 안 된다. 그것에 중독되어서는 안 된다. 오히려 괴로움을 돌파할 수 있는 길을 적극적으로 찾아야 한다. 그것이 바로 책이다. 독서를 통해 아이는 바람직한 정서와 올바른 가치관을 형성할 수 있다. 독서 과정에서 경험하는 기쁨과 슬픔, 즐거움과 괴로움을 통해 자신의 감정이 무엇인지 명료하게 인식할 수 있고, 이를 다른 사람들과 다양한 방식으로 공유할 수 있다. 독서를 통해 얻는 폭넓은 지혜는 올바른 가치관의 토대를 마련해주기 때문에 독서는 모든 인성 덕목과 유기적으로 연관되어야 한다.

동의하는가? 동의한다면, 그리고 집에 들어와서 TV, 인터넷 대신 책을 드는 당신이라면 그 무엇과도 바꿀 수 없는 독서 능력을 아이에게 선물한 부모라고 자부심을 가져도 된다. 스펀지 같은 학습능력을 가진 아이들에게 부모가 독서하는 모습은 그 자체만으로도 이 세상을 멋지게 살아갈 수 있는 방법을 가르쳐주는 큰 선물인 셈이다.

독서를 인성교육과 연결하기

낡은 외투를 그냥 입고 새 책을 사라.
- 오스틴 펠프스(Austin Phelps)

세상 모든 사람들이 좋다고 하는 게 있다. 바로 독서다.

"독서 좋아하는 사람은 사회성이 없다."

"독서 때문에 인생이 이렇게 꼬였다."

이런 말 들어본 적은 없을 거다. 나 역시 아이들이 어렸을 적에 아내가 목이 터져라 동화책을 읽어주는 모습이 그리도 고마울 수가 없었던 독서 예찬론자다(게으른 아빠는 아이들에게 책을 읽어주지 못했다. 미안하다. 준환, 준서, 수민아!). 인성교육진흥법이 제정되자 가장 먼저 인성에 도움이 되는 활동으로 추천된 것 역시 독서다. 독서교실과 더불어 글쓰기 수업이나 토론만큼 인성교육에 도움이 되는 프로그램도 없다는 말도 한다. 그냥 책만 읽으면 되지, 왜 독후활동을 해야 할까?

읽는 데서 끝난다면 독서는 불필요하다. 그저 시간낭비일 뿐이다. 독서는 자신의 몸과 마음속에 체화될 때 비로소 위력을 발휘한다. 우리 아이들의 인성을 위한 독서는 체계적인 프로그램을 따를 때 더욱 큰 효과를 발휘한다. 프로그램이라고 해서 지레 겁먹을 필요는 없다. 가정에서도 할 수 있는, 즉 부모도 충분히 진행할 수 있는 아이 독서법은 얼마든지 있다. 현재 서초구 반포동에서 초등학교 독서클럽인 '꼬마 철학자'를 운영하고 있는 독서지도사 정초희 선생님의 조언을 소개하니 참고하기 바란다.

유아기와 아동기 시절에는 아이들이 다양한 경험을 하기가 쉽지 않다. 다양한 경험을 해야 할 시기에, 이를 간접적으로 접할 수 있는 가장 쉬운 방법이 독서이다. 독서교육은 주 양육자와의 정서적 교감은 물론 아이의 인지력과 이해력에 큰 도움을 준다. 인성에 도움을 주는 것은 물론이다. 인성교육을 위해 인성동화라는 것을 만들어내는 것을 보아도 알 수 있다.

인성은 사람이 지녀야 하는 기본 본보기인데 인성의 출발점은 가정이다. 따라서 부모와 아이들이 함께 책을 읽고 대화를 하면서 배려, 사랑, 기쁨, 슬픔 등 여러 감정에 대해 느끼는 활동은 매우 중요하다. 여러 감정의 교감을 통해 아이들은 감정을 대하는 태도를 배우고 감정에 대해 이해를 하게 된다.

'독서치료'라는 분야가 있다. 책을 통해 아이들의 문제점을 개선하며 좋은 점을 강화시키는 독서법이다. 실제 초등학교 1학년 남자아이가 독서를 통한 치료로 1년 만에 감정조절에 성공한 경우도 있다. 나만 외로운 것이 아니라 누구나 외롭다는 것을 책에 나오는 주

인공을 통해 알게 된 거다. 이렇듯 책은 중요하다. 다만 독서의 중요
성은 강조하지만 책을 왜, 그리고 어떠한 이유로 읽어야 하는지에
대해서는 잘 알려져 있지 않다. 아이의 독서에 있어 부모의 역할은
대단히 중요하다. 칼을 잘 쓰면 싸움에서 이기듯 독서를 잘 활용하
면 아이의 인성교육에도 성공한다. 아이를 위한 독서법으로는 다음
과 같은 것들을 추천한다.

● 주제별 독서법
책의 주제를 정하고 그 주제에 맞게 통합해서 읽게 하는 독서법
예) 나, 우리나라, 가족, 사계절 등

● 작가별 독서법
어느 한 작가의 책(예를 들어 동화책)을 모아 읽으면서 책마다의 특
징을 찾아내고 작가의 의도를 분석하는 독서법

● 직업별 독서법
보통 아이들에게 많이 권하는 위인전 대신 아이들이 희망하는
직업군의 인물을 찾아 읽게 하는 진로 탐색 독서법

● 야외수업
책을 단순히 읽고 토론하는 데 그치지 않고 박물관이나 역사유
적지를 탐방하며 직접 몸으로 체험하고 습득하는 독서법

● Book & Art

책만으로 아이들에게 모든 것을 이해시키기는 어렵다. 저학년이라면 책을 어느 정도 읽힌 후에 간단한 예술적 활동을 통해 다양한 표현을 끌어내는 것이 좋다. 이를 통해 아이들은 자기를 적극적으로 표현하며 '자기화'하는 과정에 친숙해질 수 있다.

예)《구름빵》: 주인공의 얼굴을 그리면서 가면놀이

《흥부 놀부》: 박 속에 친구에게 덕담 적어주기

독서 전염시키기

책을 읽어야 할까? 아니다. 안 읽어도 사는 데 '전혀' 지장 없다. 내 주변에는 많은 사람들이 있다. 의사도 있고, 대기업 직원도 있고, 카페 주인도 있고, 변호사도 있다. 나름대로 사회에서 성공한 사람들이다. 아니, 최소한 중산층 이상으로 잘사는 사람들이다. 그들, 책을 많이 읽을까? 아니다. 1년에 한두 권 읽을까 말까다. 그들, TV를 많이 볼까? 그렇다. 걸그룹 EXID의 '위, 아래'를 반복해서 본 숫자만 분명 스무 번 이상 될 거다. 하지만 그들이 사는 데 지장이 있다고 생각한 적은 한 번도 없다. 잘산다. 잘, 잘, 잘!

그렇다면 책을 읽어야 성공한다는 말은 거짓말인가. 그런 의문이 들어야 정상이다. 좀 더 나아가보자. 나는 책을 많이 읽는다. 늘 가방 속에 책이 들어 있거나 손에 책을 들고 있다. 1년에 읽는 책만 30여 권 이상 된다. 그렇다면 나는 나의 친구들보다 성공했을까? 아니다. 수많은 나의 친구들이 '사회에서 말하는' 성공, 소위 부의 축적에서는 몇 걸음 앞서나가 있다. 잠깐! 여기다. 여기서 말을 잠시 멈춰야 한다. 두 가지를 생각해보자. 첫째, 그래서 그들이 나보다 행복할까? 둘째, 그들이 정말 성공한 걸까? 내 친구들은 말한다.

"범준이가 제일 행복해 보여."

"범준이가 제일 성공했어."

도대체 그들은 왜 이렇게 말하는 것일까? 술값은 매번 자기들이 내면서―물론 그렇다고 내가 계산할 때 구두끈 묶는 그런 놈은 절대 아니다― 말이다. 가방끈도 길고, 돈도 더 번 그 친구들이 왜 나를 보고 행복한 놈이라고 하고, 왜 나를 보고 성공한 놈이라고 하는지. 솔직히 잘 모르겠다. 그래도 곰곰 생각해보자면 '그렇게 보이는' 이유 중 가장 큰 것이 나의 독서 때문이 아닐까 하는 생각이 든다.

사실 나에게 독서는 의무가 아니라 권리다. 괴로움이 아니라 즐거움이다. 일이 아니라 놀이일 뿐이다. 독서를 통해 나는 세상에서 느낀 괴로움을 잊는다. 책을 읽으며 새로운 나의 인생을 찾아나간다. 책 한 권으로 나의 업무에 도움을 받는다. 독서를 통해 나를 성장시킨다. 책만 있으면 나의 세상은 얼마든지 풍요롭다. 아이들도 그랬으면 좋겠다. 아이들이 책을 읽고 등장인물에게 공감하거나 그들을 이해하는 과정에서 스스로를 성찰하길 바란다. 독서를 통해 아이들이 내재된 갈등을 직면하고 해소하며 카타르시스를 느꼈으면 한다.

그래, 솔직히 말하자. 대한민국, 책 안 읽어도 되는 나라다. 맞다. 하지만 책 안 읽어도 되는 나라에서 일방적으로 생각이 주입되는 인터넷이나 TV에 나의 의식을 맡긴다는 것은 슬프고 허전하다. 억울하고 짜증난다. 의문이 생기면 '녹색 창'에 질문을 던지는, 그래서 믿을 만한지 어떤지 모르는 누군가의 말에 휘둘리는 내가 싫다. 작가 한비야 씨는 '남의 답을 찾는 검색 대신 스스로 답을 찾는 사색'을 강조한다. 그는 실제 강연회에서 이렇게 말했다.

"다른 사람이 생각한 대로 따르면 두려움이 넘쳐나게 된다. 그렇게 평생 흔들리면서 살 순 없잖나. 검색 대신 사색을 해라. 검색을 하는 사회가 사람을 두려움으로 몰고 가는 요소라고 본다. 자기 생각이 없는 거잖나."

사색이란 어떤 것에 대해 깊이 생각하고 이치를 따진다는 뜻이다. 따뜻함, 영리함, 지혜로움이 느껴지지 않는가. 검색은 범죄나 사건을 밝히기 위한 단서나 증거를 찾기 위해 살펴 조사하는 것, 또는 책이나 컴퓨터에서 목적에 따라 필요한 자료를 찾아내는 일이다. 정리하면 사색은 자신이 스스로 찾는 것, 검색은 남들이 찾은 것을 다시 찾는 것 정도가 되겠다. 우리는 '사색할 시간이 어디 있어!'라고 말하며 검색에 몰두한다.

맛집, 쇼핑거리만 검색하는 게 아니다. '사소한 일로 멀어져버린 애인과의 인간관계를 어떻게 하죠?'도 검색한다. 사랑에 빠진 순간에도 사랑이 부과하는 문제에 대해 스스로 생각하기는 귀찮은 거다. 사색하면 본질을 알아내고 이치를 따질 수 있지만 만사가 귀찮다. 정체 모를 누군가가 뱉어놓은 말이 나의 깊은 생각에 앞선다.

물론 결과가 안 좋으면 나의 생각을 탓하지 않는다. 검색된 사람들의 말을 탓한다.

"인터넷에서 하라는 대로 했는데?"

"맛집 블로거들이 정말 맛있다고 했는데!"

"이상하다. 그대로 했는데 왜 이런 거지? 내가 검색을 잘못했나?"

내가 생각한 것이 아니니 책임도 내 것이 아니다. 내 책임이 아니기에 우리는 순간순간 가볍게 말하고, 더 가볍게 행동할 수 있다. 핑계를 댈 대상은 얼마든지 있다. 내 책임이 아니라 오로지 외부 세계에 있는, 내가 알지도 못하는 사람이 문제일 뿐이다. 스스로 생각하지 않는 사람에게 창의력을 기대하기란 어렵다. 사색 대신 검색을 하는 사람에게는 시간을 두어 고민해보려는 인내심, 결과에 대한 책임감 등도 어려운 과제일 뿐이다. 이를 해결하기 위해 필요한 것, 오직 독서뿐이다.

지능은 49퍼센트의 유전적 요소와 51퍼센트의 자극으로 만들어진다고 한다. 주변 환경의 중요성을 언급한 말일 것이다. 우리 아이의 지능을 위한 최적의 환경은 두말할 나위 없이 자연스럽게 독서를 할 수 있는 환경이다. 책읽기는 모든 학습의 근간이며 뇌의 접속을 자극해서 세상에 대한 지식을 구축해준다. 그뿐이랴? 엄마, 아빠의 독서는 아이에게 전염된다. '독서 전염'은 얼마든지 되어도 좋은 것이다. 자식들을 잘 키웠다고 소문난 어느 중견 기업인은 자식 잘 키운 비결을 '책 읽으면 용돈 주는 프로그램'이라고까지 말했다. 심하다고? 글쎄, 나는 찬성한다. 아이가 정말 책을 읽지 않는다면 말이다(물론 우리 집은 불가능하다. 내 용돈, 다 거덜 난다!). 세상 모든 사람들이 권하는 독서를 우리 아이에게 전염시킬 수 있을까? 그건 전적으로 엄마, 아빠에게 달렸다.

꿈 키우기

마무리 교육

인성교육, 그 이후엔……

미래를 창조하기에 꿈만큼 좋은 것은 없다.
- 빅토르 위고(Victor Hugo)

인성을 배웠다. 어려운 시간이었다. 만약 당신이 이 책을 하루 10분 짬을 내어 읽고 또 하루에 10분을 할애하여 아이들에게 적용했다면 아이와 당신 사이가 성큼 가까워졌으리라 확신한다. 또한 세상과 더불어 살아가는 아이의 능력도 커졌을 것이다. 아이의 생각이, 인성이 부족하다는 것을 알았다고 아쉬워하지 말자. 아이의 부족함을 안 것만으로도 부모의 소중한 시간을 할애한 보람은 찾을 수 있다. 아이 아닌가. 하나씩 변화시켜나가면 된다.

아이의 변화 이상으로 우리 부모에게도 변화가 있었으리라 생각한다. 아이와 인성 덕목들에 대해 대화를 나누어가면서 우리 부모들 역시 자신의 인성을 되돌아보며 개선되는 모습을 보았으리라. 내가 이 세상에서 가장 사랑하는 아이의 인성을 들여다보며 그동안 소홀히 했던 소중한 가치들을 되새김질했다면 나로서는 더한 보람이 없겠다.

사실 나 역시 아이들과 인성 덕목에 대해 이야기하는 과정에서 말로 다 표현할 수 없을 정도로 많은 것을 배웠고 반성했으며 또 개선하겠다는 의지를 다졌다. 아이의 인성이 취약하다고 생각해서 시작한 연구인데 결국 우리 아이들의 인성은 이미 훌륭한 방향성을 갖고 있다는 것을 깨달았다. 오히려 그 좋은 인성을 망치는 것은 우리 부모들이 아닌가 하는 생각을 했다. 아이의 인성을 바로잡기 전에 부모 자신의 인성부터 다듬어야겠다고 생각하게 된 소중한 시간이었다.

자, 그렇다면 인성의 덕목을 일별했으니 이제 아이의 인성교육은 끝인가? 아니다. 처음으로 돌아가보자. 인성이란 무엇인가? 정직, 배려, 협동 등의 덕목만 잘 알면 되는가? 그보다는 우선 인성의 특징인 변화와 더불어 살기, 행동하기를 이해하는 것이 중요하다고 했다. 인성은 변화의 속성을 지니며, 타인과 더불어 살기 위해 필요하고, 생각이 아닌 행동으로 나타나야 완성된다. 인성의 세 가지 특징과 앞에서 확인한 인성의 덕목들을 우리 아이들이 잘 배웠다고 해보자. 그렇다면 '인성, 그 이후'를 생각해볼 필요가 있다. 인성, 그 이후? 그것은 바로 꿈이다.

꿈을 찾아 떠나는 여행

꿈이 없는 세대라고 말한다. 삶의 목적을 인격 완성에 두고 끝없는 자기계발을 하기는커녕 지금 당장 편의점에서 알바를 하며 하루하루 먹고살기 바쁜 젊은이들의 한숨 소리가 높아만 간다. 대학까지 졸업했다. 지식은 넘쳐난다. 그런데 정작 자신의 꿈에 대해서는 확신이 없다. 삶은 생각할 여유를 잃어버리게 옥죈다. '3포 세대(연애, 결혼, 출산을 포기한 세대)'라는 말이 유행한다. 좋다. 연애, 결혼, 출산에 성공했다고 해보자. 그럼 성공인가. 아니다. 취업은 오리무중이다. 내 집 마련은 감감하다. 대인관계는 퍽퍽하기만 하다. 이런 상황에 단기적인 프로젝트로 자신에 대해 성찰해봐야 진통제 처방에 지나지 않을 것이다.

이런 현실 속에서 우리 아이들은 무엇을 꿈꿔야 할까? 초등학생을 대상으로 직업 선호도 조사를 했더니 공무원이 1등이고, 가장 좋아하는 것은 돈이라고 했단다. 아이가 아이답지 못하게 크는 세상이 되어버렸다. 아이가 어른의 세속적인 가치관에 휘둘려버리는 시대다. 그렇다고 우리 아이들이 꿈조차 마음대로 꾸지 못한다면 얼마나 슬픈 일인가. 어떻게 해야 아이들이 자신의 꿈을 찾을 수 있도록 도와줄 수 있을까? '네 꿈이 무엇이냐'라고 물어봤을 때 '공무원이요', '부자요'라는 말 대신 '누군가에게 힘이 되는 사람이요', '세상에 한 줄기 봉사를 선물하는 사람이요', '많은 사람들에게 즐거움을 주는 사람이요'라고 말하는 우리 아이들이 되도록 도와주자.

아이들은 꿈을 찾아 떠나는 여행에 올라야 한다. 자신의 꿈이 무엇인지, 어떤 형태인지를 늘 생각할 수 있어야 한다. 허황되거나 세속적인 꿈이 아니길 바란다. 세상 모든 사람들과 더불어 살 수 있는 여유를 가진 아이가 되었으면 좋겠다. 그러려면 어떤 프로그램이 있어야 할까? 잘 모르겠다. 부끄럽지만 어른인 나 역시도 내 꿈이 무엇인지를 정확히 말할 수 없는 게 사실이다. 그래도 부모로서 아이가 자신의 꿈을 세우고 키워나갈 수 있게 도와주고 싶다. 우리 아이의 꿈 찾기 프로젝트를 포기하기는 아쉽다. 몇 가지 방법을 생각해봤는데 작은 것부터 우리 아이들이 적응을 하도록 도와주자는 것이다.

아이의 경험치를 늘려주어 그 속에서 교훈을 찾게 하고, 스스로 많은 생각을 하게 하여 결국 자신의 꿈이 무엇인지 밝혀낼 수 있도록 격려하자. 가족 독서토론과 독후감 쓰기를 해봐도 좋겠다. 다문화 거리에 나가 다른 나라 사람들의 식음료를 살펴보는 것도 흥미로운 일이다. 야트막한 산을 오르며 생명의 귀중함에 대해 서로 얘기해보는 시간을 갖자. 그렇게 여러 경험을 제공하고 그 속에서 의미를 찾도록 코칭하면 된다. 물론 그렇다고 지금, 여기라는 현실에서의 도피를 독려하라는 말이 아니다. 지금, 여기에서 자신의 체험을 부정하지 않고 책임감 있게 받아들이면서 한편으론 자신의 꿈도 키워나가는 아이로 성장시키자는 말이다.

크게 키우는 칭찬의 기술

교육의 위대한 목표는 앎이 아니라 행동이다.
- 허버트 스펜서(Herbert Spencer)

지나친 칭찬은 오히려 아이에게 해롭다는 사람들도 있다. 아이가 건방져진다는 게 이유다. 하지만 생각해보자. 우리가 어릴 때 칭찬을 그리도 많이 들었던가. 부모님 빼고 말이다. 우리 부모님들의 칭찬은 두 가지다.

1) 예쁘다. 잘생겼다. 귀엽다.
2) 공부 잘한다.

자기 아이가 예쁘고 잘생기고 귀여운 거야 당연하다. 그리고 세상의 가치가 오직 누군가와 경쟁해서 이겨야 하는 방향으로 흘러가니, 비교 상대보다 앞서면 칭찬을 듣는다. 부모님의 이런 '뻔한 칭찬' 말고 '진짜 칭찬'을 들어본 적이 있는가. 그리 많지 않다. 어른이 되어버린 후에는 칭찬을 들어본 적도 없고, 들어본 적 없으니 표현하기 힘들어 말한 적도 드물다. 칭찬을 들었다면 아랫사람의 아부 정도일 것이고, 반대로 칭찬을 했다면 윗사람에 대한 아부에 불과했다.

어쨌거나 이런 세상 속에서 상대방의 가치를 알아봐준다는 것은 멋진 일이다. 어느 국어 선생님이 학기 초에 반에 들어가 "이 반에 들어오면 참 기분이 좋아. 너희들의 예쁜 모습을 다른 사람들은 몰라보는데 나는 알 수 있어. 너희들의 눈빛이나 행동을 보면 알지. 장차 나라의 훌륭한 인재가 될 인물이 여기저기에서 내 눈에 보여"라는 칭찬을 했다는 기사를 본 적이 있다. 그 반 아이들, 국어성적이 어땠을지는 모르겠지만 국어시간이 그 어떤 과목보다 기다려졌을 것이다. 그러다 보면 성적이 오르는 건 당연할 테고! 참고로 아이를 어떻게 칭찬해야 하는지 잘 모르겠다는 부모를 위해 칭찬의 기술 두 가지만 말씀드리고자 한다.

우선 결과가 아닌 과정을 칭찬해주자. 다음의 예를 보자.

1) 너는 어쩌면 그렇게 인사를 잘하니? (×)

-> 넌 인사를 정중한 태도로 바르게 하는구나! (○)

2) 참 예쁜 옷을 골랐네? (×)

-> 가을에 어울리는 옷을 선택했구나! (○)

3) 100점 맞았네? (×)

-> 어제 TV를 안 보고 공부한 보람이 있구나! (○)

다음으로 칭찬 3단계를 기억하자. 우선 1단계로 '칭찬할 만한 아이의 행동'이 무엇인지를 '관찰'해야 한다. 관찰은 칭찬의 필요조건이다. 아이의 행동과 말을 끝까지 관찰하지 못하면 칭찬할 수 없다. 다음 2단계는 '아이의 행동을 통해 채워진 나의 욕구'를 말해주는 거다. 예를 들어 "역시 우리 아들은 머리가 좋아!"는 칭찬이 아니다. 아이에게 하는 '아첨'일 뿐이다. 칭찬을 제대로 하려면 "우리 아들의 아이디어가 아빠의 휴가계획에도 큰 도움이 되었네"처럼 아이의 행위로 인해 아빠가 어떤 도움을 받았는지 구체적으로 말할 수 있어야 한다. 마지막으로 3단계에서는 '욕구 충족에 따른 아빠의 즐거운 느낌'을 말한다. 아이의 행위로 인한 아빠의 감정을 표현하는 것이다. "상황이 어려워서 당황했는데 네 생각으로 문제가 해결돼서 속이 다 시원해졌어. 아빠 기분이 아주 좋은걸!" 어떤가. 감정을 아낌없이 드러내니 좀 더 인간적으로 느껴지지 않는가!

인본주의 심리학이라는 분야가 있다. 여기서는 우리 아이의 성장을 촉진하는 방법으로 세 가지를 말한다. 첫째 진정성(혹은 진실성), 둘째 무조건적인 긍정적 관심, 셋째 공감적 이해다. 자, 여기에 힌트가 있다. 우리 부모들, 공감적 이해를 바탕으로 한 무조건적인 긍정적 관심의 말, 꿈을 키워주는 말을 아이에게 자주 할 수 있어야 한다. 간단히 말해 감성적인 긍정의 말이다. 아이들의 마음이 스스로 움직이도록 해야 한다. 우리는 늘 아이의 자존감에 대해 이야기한다. 어떻게 아이의 자존감을 키워줄 것인가. 우리 부모가 아이에게 해줄 수 있는 가장 중요한 것은 '말'이다.

"준환이는 모든 일을 차분하게 판단하는 능력이 있어. 미래에 문제를 해결하는 멋진 중재자가 될 것 같아."

"준서는 집중력과 인내심이 정말 대단해. 어려운 문제가 있어도 끝까지 최선을 다해 결국 해내고야 마는 그런 사람이 될 것으로 보여."

"수민이는 다른 사람들이 아파하면 함께 마음 아파하고 도와주고 싶어하는 능력이 탁월해. 장차 누군가의 아픔을 위로하고 치료해주는 그런 사람이 될 거야."

부모로서 아이에게 해줄 수 있는 말을 하루에 하나만 생각해보자. 그리고 집에서 아이의 얼굴을 마주 보면서 해주자. 아이의 꿈이 무럭무럭 자랄 수 있도록.

꿈 플래너 쓰기

훌륭한 계획이란 다음 주의 완벽한 계획이 아니라
이번 주에 당장 적극적으로 실행되는 계획이다.
– 조지 S. 패튼(George Smith Patton Jr.)

많은 사람들이 인성교육에 대해 '사교육이 심화될 것이다', '어떻게 인성을 점수로 매기느냐' 등의 부정적인 말을 한다. 하지만 내 생각은 다르다. 미래사회를 대비하기 위해서는 지식교육도 중요하지만 그 이상으로 인성교육이 중요하다고 생각한다.

물론 학생의 인성활동에 점수를 매기는 순간 인성교육의 주도권이 학교에서 사교육 현장으로 넘어갈 것임도 안다. 하지만 이 책을 읽는 우리는 사교육에 의존하지 않고 인성교육을 가정에서 충분히 해낼 수 있다. 가정과 학교에서 유기적으로 인성교육을 실시하기만 한다면 최근 수많은 시행착오를 거쳤던 교육 분야에서 하나의 획을 긋는 최고의 교육이 되리라는 것이 나의 생각이다. 아니, 아이의 부모로서 희망이기도 하다.

인성교육을 통해 아이들이 얻어야 할 것은 바로 자신의 꿈이다. 사실 꿈이란 단어는 모호하다. 구체적으로 말하면 자기가 누구인지를 깨닫는 것이 꿈이다. 이는 인성교육을 통해 충분히 얻어낼 수 있는 효과다. 인성교육은 아이들이 '나를 좀 더 나답게 해주는 것은 무엇일까'를 고민하는 능력을 키워주는데, 그것이 바로 꿈이다. 그리스 철학자인 에픽테토스(Epictetus)는 '인간은 어떤 사물이나 일 때문에 혼란을 겪는 게 아니라 그것을 대하는 자신의 관점 때문에 혼란을 겪는다'고 했다. 우리 아이들이 세상의 모든 일에 일희일비하지 않고 자신이 딛고 선 기반에서 세상과 마주할 수 있는 용기를 갖도록 하는 것이 인성교육의 목적이다. 꿈을 키우고 자존감을 향상시킴은 물론이다.

이를 위해 우리 아이들에게 '꿈 플래너'를 추천한다. 꿈을 매일매일 조금씩 쓰게 해보자. 단, 길게 쓰라고 강요하면 안 된다. 트위터는 한 번에 쓰는 글자 수가 140자로 제한되어 있다. 그 정도로도 커뮤니케이션은 충분하다는 뜻이다. 그러니 우리 아이들에게도 하루에 한 번 자신의 꿈에 대해 140자 이내로 써보라고 권유하자. 예를 들어 이렇게 말이다.

"집에 오는 길에 다리를 절뚝거리는 강아지를 봤다. 나는 아픈 강아지를 보면 마음이 아프다. 내가 커서 어른이 되면 아픈 강아지, 아픈 사람을 고쳐주고 싶다. 몸이 아픈 강아지와 사람, 마음이 아픈 사람과 강아지를 고쳐주는 그런 사람 말이다."

135자다. 이 정도는 아이도 부담 없이 쓸 수 있다. 그런데 이미 이런 프로그램을 진행하고 있는 학교가 있었다. 충북 음성의 매괴여중인데, 지난 6월 〈평화신문〉에 소개된 이 학교의 한 학생은 "인성 플래너라는 게 있어요. 날마다, 주마다, 달마다 써야 하는 성찰 계획인데, 쓰는 데 어려움이 많지만 제 힘으로 과제를 풀다 보면 저 자신을 돌아보는 기회가 됩니다"라며 기록의 힘이 얼마나 센지를 보여주었다. 인성 플래너가 곧 꿈 플래너다.

우리 아이가 꿈을 키워갈 수 있도록 도와주자. 아울러 부모 자신들의 꿈 플래너도 함께 쓴다면 더욱 좋을 테고!

꿈을 품고 세상 바라보기

사람의 마음은 그가 자주 생각하는 것을 향해 움직인다.
- 석가모니

바람직한 인성을 지닌 아이란 어떤 아이일까? 개인 차원과 사회적 차원으로 나누어 생각해볼 수 있다. 즉, 도덕적 덕성과 시민적 덕성이 잘 조화된 아이를 두고 바람직한 인성을 지녔다고 말할 수 있을 것이다. 우리는 정직, 예절과 같은 도덕적 덕성과 함께 존중, 협동, 책임감 등 공적인 영역에서 책임과 의무를 이행하는 데 필요한 시민적 덕성이 조화를 이룬 아이를 기대한다. 긍정심리학의 대가 셀리그먼(Martin Seligman)은 타인의 삶 및 공동체에 긍정적인 변화를 가져올 수 있는 사회에의 공헌을 행복의 원천 중 하나로 꼽았는데, 이는 의미하는 바가 크다. 단순히 자신의 인성을 계발하고 자기 주위의 사람들을 사랑하는 데 그치지 않고 성숙한 세계시민으로 성장하려는 노력을 할 때 행복이 더 커진다는 뜻이다.

사회에 긍정적 변화를 일으키려고 노력하는 아이들은 세상을 바라보며 끊임없는 자기반성의 노력을 할 수 있다. 또한 자신의 꿈을 이루기 위해 열정을 다하며 그 열정을 통해 세상으로 나갈 수 있다. 자신의 꿈을 들여다보며 자신을 채찍질하고 품성을 닦을 수 있다. 가정은 아이의 꿈을 키워주는, 그러기 위해 인성을 기르는 가장 작은 학교가 되어야 한다. 최초이자 최고의 학교 말이다.

사실 우리는 여전히 인성은 한 개인의 성격이라는 개념에서 벗어나지 못할 때가 많다. 극복해야 할 과제다. 인성은 효와 예 등의 개인적인 덕목도 당연히 포함하지만 실제로 인성이 그 진가를 발휘하는 영역은 민주주의, 타문화 존중, 시민성 등이다. 우리에게 인성이라는 단어가 묵직하게 다가온 이유도 더불어 살기 위해 사회 구성원으로서 갖추어야 할 덕목에 대한 교육이 부족했기 때문이다. 《정의란 무엇인가》라는 책이 우리나라에서 큰 호응을 얻었던 것도, 정의롭지 못한 대한민국에 대한 아쉬움 때문은 아니었을까 한다. 앞으로 우리 아이가 사회의 리더로 우뚝 서려면 인성의 개인적 특징만이 아니라 사회 전체를 아우르는 시민의식을 가진 아이로 거듭나야 한다.

가정에서도 이런 시민의식 교육은 얼마든지 시킬 수 있다. 신호 지키기, 휴지는 휴지통에 버리기, 지하철에서 뛰어다니지 않기 등 책임감 있는 민주시민으로 살아가기 위해 필요한 사회규범을 지키는 아이로 키울 수 있다. 질서가 인간의 본성에 어긋나는 것도 아니다. 한 심리학자는 '공동체 의식'이 인간의 기본적 동기라고도 했으니 말이다.

인간은 사회적 참여를 통해 인생의 의미와 자기존재감을 추구하는데, 이 과정에서 자신의 능력을 보다 활발하게 계발할 수 있다. 그리고 이는 꿈을 통해 세상을 바라볼 때 가능해진다. 이를 위해 우리 부모들이 해야 할 일이 있다. 아이들이 자신만의 꿈을 갖고 움직일 때 적극적으로 격려해야 한다. 혹시 아이의 꿈이 거칠더라도 '네가 잘할 때나 올바르게 할 때만 나는 널 지지한다'가 아니라 '나는 있는 그대로의 너를 지지한다'라는 태도로 아이와 커뮤니케이션해야 한다는 것을 잊지 말자.

좋은 사람,
그리고 옳은 사람

'세상 밭'의 파수꾼이 되고자 한다

나는 늘 넓은 호밀밭에서 꼬마들이 재미있게 놀고 있는 모습을 상상하곤 했어. 어린애들만 수천 명이 있을 뿐 주위에 어른이라고는 나밖에 없지. 난 아득한 절벽 옆에 서 있어. 내가 할 일이라곤 아이들이 절벽으로 떨어질 것 같으면 재빨리 붙잡아주는 거지. 애들이란 앞뒤 생각 없이 마구 달리는 법이잖아. 그때 내가 어딘가에서 나타나 아이가 떨어지지 않도록 붙잡아주는 거야. 온종일 그 일만 해. 그러니까 나는 호밀밭의 파수꾼이 되고 싶다는 거지. 바보 같은 얘기라고? 하지만 정말 내가 되고 싶은 건 그거야. 바보 같지만 말이지.

《호밀밭의 파수꾼》

난 파수꾼이 되고 싶다. 아니, 난 파수꾼이다. '호밀밭'이 아닌 '세상 밭'의 파수꾼 말이다. 첫째, 둘째, 셋째가 '세상 밭'에서 마음껏 자신의 꿈을 키우며 살아가기를 바란다. 혹시라도 절벽 위에 있는 '세상 밭'에서 떨어지지는 않을까 늘 노심초사하겠다. 그리고 그 역할을 기쁘게 받아들이겠다. '사랑한다'고 말만 하는 아빠보다는 '세상 밭'에서 뛰어노는 아이의 마음, 그리고 행동을 그 누구보다도 잘 이해해주는 아빠가 되고자 한다.

아이는 시험문제가 아니다. 또한 아이가 혹시 잘못되지 않을까 두려워하는 것이 엄마, 아빠의 의무도 아니다. 하지만 나는 시험문제라고 생각할 것이고 두려움도 겁내지 않을 것이다. 내가 살아가는 이유인 우리 아이들을 위해서라면…….

아이는 내가 맛봐야 할 신비로움이다

첫째 준환이와 집 앞 카페에 나와 아이스초코를 나눠 마신다. 아이를 보면서 이런저런 생각을 한다.

'생각할 때 손가락 물어뜯는 습관은 언제 고칠까?'

'요즘 열심히 먹더니 턱이 두 개네!!'

'잘생겼다, 잘생겼어!'

'믿음직해. 준환이.'

혼자 흐뭇하게 바라본다. 한 시간 넘게 뚝딱뚝딱 문제와 씨름하는 준환이가 귀엽다. 요즘 수학문제는 왜 이렇게 어려운지, 도와주려다가 오히려 망신만 당하는 경우가 많다. 준환이가 잠깐 화장실에 갔다. 뭐 풀고 있지? '초등 수학 4-1 혼합계산 파트 실전 유형 다지기' 11번 문제 '17+15-30을 이용하는 문제를 만들고 풀어보시오.' 준환이는 이렇게 풀었다.

열일곱 명의 LG 팬과 열다섯 명의 삼성 팬이 있었는데, 그중 서른 명이 떠났다. 남은 인원은 몇 명인가? 답은 두 명.

오늘, 트윈스와 라이온즈의 경기, 6 대 5로 트윈스가 극적인 역전승을 거두었다. 준환이와 같이 경기장에 다녀왔었다. 야구장에서 함께 대화하며 트윈스를 목이 터져라 응원했다. 준환이는 목이 갈라질 정도로 응원가를 불러댔다. 바로 그 준환이가 푼 수학문제의 답이다. 귀여운 놈. 이놈이 지금처럼 예쁘게 멋지게, 그리고 지혜롭게 성장하기를 바란다.

가정에서부터 시작하는 제대로 된 인성교육이 아이를 '좋은 사람' 그리고 '옳은 사람'으로 성장시킬 것이라고 확신한다. 아이가 아빠의 시험문제이기도 하지만 아빠가 맛봐야 할 신비임도 깨달으며 이 책을 마무리한다.

아이의 태도는 아빠가 만든다

아빠표 인성교육

초판 1쇄 발행 2015년 12월 7일
개정판 1쇄 발행 2022년 6월 7일

지은이 김범준
펴낸이 이범상
펴낸곳 (주)비전비엔피 · 애플북스

기획 편집 이경원 차재호 김승희 김연희 고연경 최유진 김태은 박승연
디자인 최원영 이상재 한우리
마케팅 이성호 최은석 전상미
전자책 김성화 김희정 이병준
관리 이다정

주소 우) 04034 서울시 마포구 잔다리로7길 12 (서교동)
전화 02)338-2411 | **팩스** 02)338-2413
홈페이지 www.visionbp.co.kr
이메일 visioncorea@naver.com
원고투고 editor@visionbp.co.kr
인스타그램 www.instagram.com/visionbnp
포스트 post.naver.com/visioncorea

등록번호 제313-2007-000012호

ISBN 979-11-90147-46-0 (13590)

· 값은 뒤표지에 있습니다.
· 잘못된 책은 구입하신 서점에서 바꿔드립니다.

도서에 대한 소식과 콘텐츠를
받아보고 싶으신가요?